建筑母语

传统、地域与乡愁

汉宝德 著

生活·讀書·新知 三联书店

图书在版编目（CIP）数据

建筑母语：传统、地域与乡愁 / 汉宝德著. —北京：生活 · 读书 · 新知三联书店，2014.5 （2017.4 重印）
（汉宝德作品系列）
ISBN 978-7-108-04584-3

Ⅰ. ①建… Ⅱ. ①汉… Ⅲ. ①建筑艺术 – 建筑理论 – 研究 Ⅳ. ① TU-80

中国版本图书馆 CIP 数据核字（2013）第 152292 号

责任编辑 张静芳
装帧设计 蔡立国
责任印制 张雅丽
出版发行 生活 · 讀書 · 新知 三联书店
（北京市东城区美术馆东街 22 号 100010）
网　　址 www.sdxjpc.com
经　　销 新华书店
印　　刷 北京隆昌伟业印刷有限公司
制　　作 北京金舵手世纪图文设计有限公司
版　　次 2014 年 5 月北京第 1 版
2017 年 4 月北京第 2 次印刷
开　　本 890 毫米 × 1230 毫米 1/32 印张 5.375
字　　数 90 千字 图 90 幅
印　　数 07,001 – 10,000 册
定　　价 35.00 元
（印装查询：01064002715；邮购查询：01084010542）

三联版序

很高兴北京的三联书店决定要出版我的“作品系列”。按照编辑的计划，这个系列共包括了我过去四十多年间出版的十二本书。由于大陆的读者对我没有多少认识，所以她希望我在卷首写几句话，交代一些基本的资料。

我是一个喜欢写文章的建筑专业者与建筑学教授。说明事理与传播观念是我的兴趣所在，但文章不是我的专业。在过去半个世纪间，我以各种方式发表观点，有专书，也有报章、杂志的专栏，副刊的专题；出版了不少书，可是自己也弄不清楚有多少本。在大陆出版的简体版，有些我连封面都没有看到，也没有十分介意。今天忽然有著名的出版社提出成套的出版计划，使我反省过去，未免太没有介意自己的写作了。

我虽称不上文人，却是关心社会的文化人，我的写作就是说明我对建筑及文化上的个人观点；而在这方面，我是很自豪的。因为在问题的思考上，我不会人云亦云，如果没有自己的观点，通常我不会落笔。

此次所选的十二本书，可以分为三类。前面的三本，属于学术性的著作，大抵都是读古人书得到的一些启发，再整理成篇，希望得到学术界的承认的。中间的六本属于传播性的著作，对象是关心建筑的一般知识分子与社会大众。我的写作生涯，大部分时间投入这一类著作中，在这里选出的是比较接近建筑专业的部分。最后的三本，除一本自传外，分别选了我自公职退休前后的两大兴趣所投注的文集。在退休前，我的休闲生活是古文物的品赏与收藏，退休后，则专注于国民美感素养的培育。这两类都出版了若干本专书。此处所选为其中较落实于生活的选集，有相当的代表性。不用说，这一类的读者是与建筑专业全无相关的。

这三类著作可以说明我一生努力的三个阶段。开始时是自学术的研究中掌握建筑与文化的关系；第二步是希望打破建筑专业的象牙塔，使建筑家为大众服务；第三步是希望提高一般民众的美感素养，使建筑专业者的价值观与社会大众的文化品味相契合。

感谢张静芳小姐的大力推动，解决了种种难题。希望这套书可以顺利出版，为大陆聪明的读者们所接受。

漢寶德

2013 年 4 月

目　录

自序　建筑家的文化责任感

对建筑有兴趣的人很多，但对建筑的传统与传承有兴趣的人却极少，梁家铭先生是这极少中的少数。由于我也是建筑界热衷于传统的少数，我们就因共同的兴趣而结交了。他不但对建筑传统有兴趣，而且有推动其发展的热诚，因此成立了“空间母语”基金会，邀请建筑界的菁英来讨论这个问题，希望能得到共识，为建筑文化的传承找出一条路来。我很钦佩他的用心，也很希望能有帮些小忙的机会。

基金会每年办一次研讨会，邀请建筑界已有成就的朋友们来讲述他们的观点，说明他们的作品。可想而知，在讨论会中陈述自己的意见比较容易，希望建立共识却是很困难的。所以要在建筑母语的课题上得到一致的看法，在今天这个多元价值的社会里，只能抱着期待而已。

我听了大家的意见，觉得在“母语”的观念上没有可能也没有必要得到全面的共识。建筑本来是一种艺术，艺术是因为艺术家的理念而有所表现的。在理论上，我们不但没有理由要求创作者持有相同的理念，而且会鼓励艺术家寻求自己的创作天地。我们应该做的也许是寻找一些有共同理念的建筑师，就是都主张在作品中对传统精神有所传承的建筑师，一起商讨，找出共同的立场。换句话说，我们也许应该先找到“母语”才成。

有了这种想法，我觉得我们应该先对传统与现代的问题予以梳理，所以就对过去几十年台湾建筑界面对现代化的问题所做的因应略加整理，写了几篇文章，供大家参考。我不是以学者的身份来写的，而是以一个热心于传统承续的专业者的身份所做的观察。坦白说，这个问题缠绕在我心头已经半个世纪了。在一波波的国际化与全球化的浪潮冲击下，传统承续的声音日渐微弱，今天几乎没有几个建筑师在讨论了。我希望借着这几篇文章重新激起年轻一代的好奇心，知道这其实是文化上的大问题，是值得我们去深刻思考的，因为我们都有责任。

我希望大家重新思考的问题是：

我们有没有必要延续建筑文化的传统？

我们要承续的传统要素是什么？

我们要怎样传承这些传统下去？

如果不这样想，难道打算把我们的建筑视为国际潮流中的一颗小石子，听任其随波逐流吗？

一

传统、现代之争的回顾

进入 21 世纪以来，台湾建筑界再也听不到现代与传统的话题了。这是因为时代进步，使我们把所谓传统遗忘了呢，还是把现代也视为过去了？真的，对于年轻的世代，现代、传统统统是历史的片段了吧！他们向前看还来不及，谁愿意回顾上一代的争论呢？

提到建筑的传统与现代，非回顾历史不可。

在 19 世纪与 20 世纪之交，欧洲的现代建筑还没有成熟的时候，中国的知识界已经为中西文化之争闹得不可开交了。那个向来看不起蛮夷之邦的中华帝国，眼看就要对这些黄发碧眼的怪物屈膝投降了。这时候，一些见过世面的开明之士要求帝国的子民，放下空虚的民族尊严，认真地学习蛮子文化，因此开始推动西化运动。各位要知道，在当时中、西对立的情势下只有西化的观念，并没有现代化的观念。

当时的中国人何曾知道，西洋人的国力是经过一百多年的现代化所建立起来的呢？

这段历史大家都是很熟悉的。要想在洋人压迫下图存，西化是非走不可的路，可是要怎么走法呢？却有不同的见解。

最保守的人士认为只要学船坚炮利的技术就可以了，其余还是照旧过我们老祖宗传下来的日子。换言之，不要西方文化，只要武器就够了。最开明的人士则认为武器只是文化外显的产物，不迎头赶上，把自己变成最西方的国家，要不受西方欺压是不可能的。

在两个极端之间，大部分的知识分子，都认为学习西方文化之长处，同样可以维护传统中国的文化精神。骑墙派很容易取得大家的共识，问题好像是解决了，可是却为知识界留下争论不休的课题：究竟要学习哪些呢？不要说别的了，我们应不应该保存传统的衣着呢？

在民国初年，知识界面对的中西文化之争是很激烈的，胡适等人所发起的“五四运动”，可以说是西化派的先锋，最终赢得了胜利。可是追究起来，胡适算是西化至上的代表吗？他为什么要整理国故，一方面写新诗与白话文，一方面又谈古人诗词呢？可想而知，他的改革观也是骑墙派而已。

“建筑学”的定义

至于这时候的建筑界如何呢？

说来可怜，自古以来，建筑是匠人之事，连“建筑”这个名称还不存在，盖房子被称为“营造”，按照固定的成法，由匠师来执行。西化初期，大学堂里没有这门学问，所以要盖西式的房子，非外国人不成。一直到出国留学的少数几个洋学生回来，中国的知识界才开始把建筑当成一门学问。

可想而知，这少数几位留学生，如梁思成、林徽因夫妇，回到国内，面对这样一个基本上由古代传统留下来的建筑世界，展望未来，他们是什么心情？他们会努力把自西方学来的西洋学院派建筑搬到中国来吗？难怪他们要回归传统，自古老建筑中找更古老的遗迹，为传统的建筑找到根源。

那个时代，除了租界内的买办外，有多少中国人要盖房子？而且要盖西式的房子？他们即使在外国学了不少西式的建筑，既没有兴趣又没有机会为中国社会建造文艺复兴宫殿，或哥特教堂。只有逐渐受租界建筑工作影响的建筑师，例如后来在台湾非常活跃的关颂声，开始成立公司，在旺盛的殖民城市建设中争取工作机会。

以今天的标准看，民国初年的中国建筑师只是不被承认的匠师，

· 回归传统，自古老建筑中找更古老的遗迹，为传统的建筑找到根源。图为佛光寺。

留学回国的青年与在当地建造民屋混出来的工匠杂处，难以分辨。因为当时并无建筑专业执照的制度，而殖民城市大量的住屋仍以华式住屋的弄堂房子为主。这种情形直到民国二十年前后才有所改善。

各位想想可知，在此情况下，这少数留学回来的年轻建筑师何曾有机会想到现代化的问题？在西方世界闹建筑的技术与美学革命时，他们受了西方学院派的教育，回国来顶多想到西化与传统如何融合而已！

比较进步的是土木工程的毕业生，他们使用西方的技术、材料建屋，可以说是最早的中西合璧的执行者。但是他们的做法只是应了讨论中西文化论战中的一句话："中学为体，西学为用"。房子盖出的外观是中式的，使用的方法是西式的。这样的文化交融，不正是保守的骑墙派的主张吗？

基督教在中国力求发展，开始办学，西方的牧师们似乎也非常同

· 除了租界内的买办外，有多少中国人要盖房子？图为南京博物院。

· 清华大学本为清王爷府，景色优美，美式校园布局和西洋复古建筑，为中西文化交融之一例。

意这样的中西合璧式的建筑。他们最早把中国宫殿的屋顶与柱梁系统，加到学校建筑上，在各大城市，成为最早的中西交融象征。

他们的观点与中国文化的骑墙派并不相同。中国学者是以民族本位的立场，认为形式与空间是中国文化的本体，是精神；用途与建造技术是方法，是技艺。前者才是重要的，非保存不可。对于外国教士而言，技术与功能还是非常重要的。可是他们所信仰的是古罗马以来的建筑三原则：坚固、适用、顺眼（delight）。在他们看来，在中国领土上建造房屋，顺眼就要看地方风味。何况他们来华自学华语开始，自然要融入华人文化之中。对他们而言，入境随俗，这是必然的步骤。就是因为这样的思考，使得民国初年以来的建筑发展，不论是中国建筑师或西洋教士，都采取了“中学为体，西学为用”的立场。在当时，这几乎是无可争议的。因此也成为中华民国政府在北伐之后的建筑立场。

可是当时的建筑师尚没有参透，西洋建筑的改革是先由技术开始的，因此现代化的涵义有两个层面，一个是现代的技术，但仍保留传

· 中西合璧的建筑式样

· 北京洋楼

· 在外国教士看来，在中国领土上建造房屋，“顺眼”就要看地方风味。图为原金陵大学北楼。

统形式；另一个层面是现代的外形，这就要经过很多波折才能产生了。而中国建筑师所理解的西化，与现代化是浑然不分的。这是比较落后的我们无法立刻感受到西方进步过程的缘故。

面对现代与传统的问题

在时间点上说，西方现代建筑的成熟是在20世纪30年代，也就是南京国民政府统一全国，略为安定的时期。可是这段时期，欧洲正酝酿着一次全面的世界大战。不但在尚未开发的中国，即使在美国，也没有闻到现代的气味；直到“二战”之后，由于欧洲几位现代建筑领导人到美执教，才逐渐传播开来。一时之间美国成为现代主义的领袖。它的核心就是哈佛大学的设计学院。

当时的台湾，在战后之变革局面下，没有任何理由面对现代建筑。

在战前的日治时期，台湾是国际建筑影响下的、日本建筑的一个角落，其建筑可以隐约看出欧洲建筑思想的变迁。到战后这一切都消失了。如果有什么思想上的论辩，也只有发生在台南工学院（成功大学前身）建筑系的课堂里，纸上谈兵而已。

台南工学院嗅到现代建筑的气味，是来自日本的战后建筑。后来由大陆籍的教师，通过少数英文刊物，直接找到美国的源头，开始传播现代建筑“四大师”的思想与作品，就把它们视为经典了。

这时候，建筑系开明派的教师与学生，已经知道现代建筑的精神是设计出具有创新性的作品。他们的学习方法是模仿外国杂志发表的作品，当然包括大师们的经典作。老实说，因为教师们都没有创作的经验，对学生的影响力是有限的。至于在社会经济困顿时期的少数新建房屋，几乎只能提供负面的范例，对学习是无助的。

在这种气氛下，没有人讨论现代与传统的问题。对于传统，学校有建筑史课去学一些概念；对于中国建筑，有“中国营造法”课，教授梁思成夫妇于30年代研究的成果。比较用功的同学可以掌握清式营造的细节，可是没有人知道学这些东西对未来的工作有什么意义。因而中国建筑史这门课毫无文化意义的讨论，甚至没有人认为古代传统有何保存价值。

这时候，台湾建筑界出现兴建东海大学这件事。美国人在大陆设立的几所基督教大学被关闭，他们的董事会就决定把基金的生息联合在一起，在台湾设立一所基督教大学，延续美式通识教育的传统。他们找了在美国建筑界已露头角的贝聿铭来台中规划校园。贝先生是哈佛毕业生，当然是现代主义代表人物。

但是文化的力量是潜在的，在美国只需向前看、从未讨论传统的他，回到国内就非考虑中国文化不可了。他与他的主要助手，陈其宽与张肇康，脑子里构思的是一所中国式的大学校园。这样一来，现代与传统终于相遇了。

在成功大学建筑系的课堂里听到东海大学校园规划的故事，几乎成为一个传奇。建筑怎样才能正确地结合现代与传统，在每一个认真的学生心中都是首要的课题。在学生刊物中，已经有幼稚的言论了。

这时候，大家指责的对象，正是“中学为体，西学为用”的宫殿式建筑。很显然，胡适之所领导的开明派，虽然在政治上、甚至学术上受到两岸的打压，无法抬头，但至少在建筑上，传统形式被视为罪恶。有趣的是，当时两岸的政治南辕北辙，互相对立，但在建筑上却有志一同。台湾延续了传统形式论调，大陆也将梁思成当成倡导民族形式的标杆。如此两岸共同的官式建筑，就是成大建筑青年们声讨的对象。

什么是宫殿式建筑

有趣的是，对什么是宫殿式建筑还有不同的看法。完全依《清式营造则例》照抄，如同忠烈祠，是忠实的传统中国造型，不知是否为梁思成先生所乐见。其次是把清式营造的规范做成套装，套在现代建筑上，如同圆山饭店，或中山楼，可能算是较开明的态度了，可能延续了当年营造学社的立场。以上这两类都是现代主义的信徒所要清算的对象。可是还有第三类。

在上世纪60年代，台湾建筑界最有影响力的人是卢毓骏先生。

他是考试委员，也是政府高层在建筑方面的顾问。他的建案，科教馆与文化学院，则是清式屋顶式样。他以现代建筑为基本，加上些

· 广州的中山纪念堂

· 南京的中山陵

· 在国父纪念馆的设计中，也呈现出王大闳先生所认为的传统形式。

零星的传统装饰，提醒我们这不是现代式样，最后以中国式曲线屋顶作为终结。

他与前二类最大的分别是，完全不考虑中国建筑的系统性。也许卢先生没有清式营造的学术背景，所以他绝不考虑传统建筑中的结构系统，或色彩与装饰制度。最明显的是，他完全不理会斗栱这回事。他所想表现的，也许只是传统建筑在一般人眼中呈现的风情。诚然，社会大众何曾认真了解宫殿建筑的各种制度？他们所看到的不过是花花绿绿，上面有一只四角起翘的屋顶而已！

令人难以置信的是，在60年代，连一般认为台湾现代主义泰斗的王大闳先生，在国父纪念馆的设计中，也呈现出他所认为的传统形式。他与政府上层的关系，使他很容易取得政府的重要建案计划。国父纪念馆为纪念性建筑，政府的保守派毫无异议地认为应该是中国式建筑，要与南京的中山陵与广州的中山纪念堂相比较。王大闳先生先完成了一个他认为有传统意味的现代建筑，委员会不接受，他不得不提出一个大家可以接受的计划，那就是今天我们知道的国父纪念馆。对于年轻一代的现代建筑师而言，这无异是王先生向保守派投降。

台南的建筑之美

可是在台南市，有几个建筑界的学生在思考现代建筑的走向时，闲来无事，到处逛古老的市街。台南本来就是古台湾的首府，有不少清代的古老建筑与寺庙留传下来，可是在建筑系课堂上却从没有教师提到它们。建筑实务就更不用说了，即使是古建筑的营造也没有沾到它们。

・ 台南孔庙

・ 赤崁楼

虽然也有人说起台南的某些建筑已有两百年的岁月，却无人提及它们有什么价值。教师中只有一位不时提醒学生，这些古建筑如何美好，学生们却都半信半疑，或根本不相信。这位老师是教绘画的郭柏川先生。是他引导学生去看孔庙与赤崁楼，并用它们当作绘画的对象，要学生用画笔表现出它们的形式与色彩之美。

美术教授认为美的建筑，为什么建筑教授都觉得不值一顾呢？这几个学生怀着一大堆问号，都去老街欣赏这些寺庙与古宅，打发他们的时间。台湾的建筑与书本上所学的清式宫殿有很大的差异，它们的美在几个学生的眼中远超过清式皇宫，那么它们为什么不能成为传统形式的选项呢？

然而在心底，他们知道，这是地方式样，不足以与京城的皇宫争正统的。

东海的校园，是理想的文化交会的结果吗？

我带着这样的回忆，于 1961 年去了东海大学教书，终于直接面对现代与传统如何交融的问题。东海的校园是理想的文化交会的结果吗？

没有人能回答这个问题，因为有人认为东海的建筑样式是日本风格。为了反击这种论调，东海唱出唐式建筑的说法，意指是更古老的中国传统风貌。这类的争论使人心烦，使我不想再讨论现代与传统的问题。我写文章正式表示，让我们把现代化做好，让传统形式归于传统吧！这种论调使习惯于用传统论战炒热建筑的前辈很不高兴，以为就是放弃传统的价值。

纯粹出于自发的感情，也许来自台南古老街巷中的回忆，我提出

· 为了反击东海的建筑风格是日本样式的说法，东海唱出唐式建筑。图为东海校园。

古建筑保存的呼声。

其实欧洲在 19 世纪就有保存古建筑的运动了。我没有机会知道他们的说法，只知道梁思成等人在大陆呼吁保存北京古城，还被批评为封建思想呢。可是我对台南老建筑的直接经验，使我感觉到，也许我们没有必要模仿传统，或融合传统于现代建筑之中，但我们不能忘记它们的存在，不能放弃它们给我们的感动，所以至少要让它们安全存在。

我觉悟到，古老的建筑文化不一定融于现代日常生活中，它可以发挥历史真实记录的功能，如同一本古书，让我们可以不时阅读，回味古文化的真滋味。只有这样做，才能负起保存历史真迹的任务。这是我在思想上现代发展与传统保存分道扬镳的阶段。我写文章为保存板桥林宅大声疾呼，并希望台湾的前辈能出面维护古老建筑。

我留学美国返台后，在 70 年代所做的事，就是遵循我的认知，在现代设计与传统维护的两条平行线上努力。当时我不觉得这两者有交集的必要。我甚至举出外国的例子：为什么欧洲数百年甚至上千年的建筑在今天看来，都像兄弟一样的并立着，见证自己的历史，而互不干扰甚至和谐相处呢？他们的文艺复兴建筑式样何尝想要把中世纪的建筑融在里面？

台湾建筑的复苏

20世纪70年代以后，台湾建筑界开始复苏，但没有跟着美国已经闹得不可开交的后现代运动走，仍然在现代主义的路线上徐徐前进。可是我在维护台湾古建筑的工作上发现，传统形式有其不可磨灭的感情价值。而现代主义的形式对一般大众而言，都是一张白纸，不代表任何意义。我深切地体会到，民族主义并没有什么意义，只有地方传

· 古老的建筑文化如同一本古书，让我们可以不时阅读，回味古文化的真滋味。图为台南麻豆林宅。

统才能在平凡中触动人们的心头。

我尝试使用地方传统语汇兴建现代功能的建筑，得到正面的回响。其中有完全复古的形式，有局部传统语汇的形式，也有仅使用当地材质的作品，发现都有正面的反响，引起大众的注意，至少并没有反面的效果。我因此觉得重新以大众心头需求的立场来谈现代与传统的结合是值得认真思考的。我绕了一大圈，于五十岁的年龄，回到现代与传统如何交融的课题，只是传统换上了乡土文化传统而已！这次轮到年轻的朋友们指责我了。

是因为我老了呢，还是现代与传统形式的论述真的是一个永恒的问题?

二

现代建筑怎么看传统

1960年前后，台湾的建筑界是非常沉闷的。经济落后，建筑业一片沉寂，成大建筑系的学生，即使毕业也不知做什么。我并不用功，有空时看外国杂志，了解些美国建筑动态。闷不住就与同学办杂志，写文章。毕业后考上“建筑师高考”，拿到开业资格，却只有留在学校当助教。

因此在学校课业上思考的问题，毕业后仍然只能做抽象的思考；而问题中最重要的，也是反复思考不得其解的，也是现代与传统的问题。

在前文中，我曾说明当时的台湾建筑界，在掌握实务的建筑师的手上，对这个问题有不同的解读。依据他们不同的学习背景与执业机遇，大体上可分为下面的三种立场，兹先简要说明如下。

第一种立场是形式主义的，一般建筑可以不要考虑传统，但重要的公共建筑，为了民族的荣耀，必须结合传统的形式，使人望而生崇敬之感。这一类建筑师是来自大陆，承续了民国以来的官方建筑思维。他们所说的传统就是北京的宫殿式，而且是形式上的传统，琉璃瓦屋顶，斗栱与彩画，红漆列柱，白石台阶。在设计师的态度上，他们主张“中学为体，西学为用”，中山楼是很好的例子。这类建筑为数不多，但因可见度高，几乎人人皆知。

第二种立场是象征主义的。同样的，这类建筑师也在公共建筑上思考传统问题，但他们的想法是，建筑是一种文化，在建筑的造型上应该反映我们自己的文化。时代虽然已远离我们的传统，但是传统建筑的一些要素，应该还是尽可能使用在新建筑上。所以把古建筑的形式特色视为语汇，不必严格传承，只要看上去使我们立刻感受到传统的温暖就可以了。不必勉强用中国式屋顶，只要屋角有点起翘就好了。

· 台湾“教育部”大楼入口一隅（徐明松摄）

即使用中国式屋顶，也不必合乎《营造则例》的规定，只要有感觉就好了。不必勉强用红漆柱，只要有对称的圆柱，或类似匾额的味道就可以了。“教育部”大楼是很好的例子。

第三类立场是抽象主义的。真正尊重传统，而又是现代主义的信徒，该怎么办呢？他们要自文化的深处寻找，找到在精神上可以安顿的观念。但是没有形式是无法落实的，必须在现代建筑中找到可以与中国相通的观念，找到共同点，把两者结合在一起。这时候，形式必然是抽象的，超越了象征的范畴。由于这种抽象主义的方法与抽象艺术的性质类似，是极少人能理解的，因此我们不妨说这种现代主义的传统观是新学院派的观点，对于社会大众并没有产生明显影响。

新学院派的传统观

在上世纪50年代，我读成大建筑系的时候，系里最受学生崇拜的老师是金长铭先生。他画的学院派透视图最生动，教设计遵循现代建筑大师的原则，而他却是以教“清式营造则例”最拿手。因为学生多，要分班上课，我在二年级的设计课，没有分到他的班上，使我遗憾万分，也因此我无法成为他的入室弟子。但他是比较用功的学生间接、直接学习的对象。我最早感染到现代与传统相融合的困局，也是自他的叹息中感受到的。

我在他那里借到一本薄薄的英文书，是中国留学生张一调先生在普林斯顿大学读建筑的博士论文，内容是老子思想中的建筑观。我拿到那本小书如获至宝，花时间把它翻译出来。不是想出版，而是精读。翻译是当时我认真读英文书的方法。自此，我知道中国的现代建筑师

·“西塔里生”有一座交谊中心，中心位置是一座石砌壁炉，上面刻了一句老子的话。

如何希望丢开传统的形式，自中国文化精神中找一个新的中国建筑的源头，希望能够超过西方的建筑。这就是国父所说的“迎头赶上”。

中国知识分子对于在西方文化侵袭下被视为落后国家，有一百个不服气，因为我们有五千年的历史文化，一直是全世界最文明的国家，如今落后，当然要自文化中找出西洋人所没有的东西，才能迎头赶上。而老子的《道德经》是第一部引起西方注意的“东方智慧”，在 19 世纪就有西文的课本了。西方学者自老子管窥中国，认定了东方伟大的自然主义思想，肯定东方文化的价值。

在现代主义时代，大家都知道美国的莱特是自然主义的信徒，自认为向东方学习了很多。在我最喜欢的莱特作品“西塔里生”（Taliesin West），有一座交谊中心，中心的位置是一座石砌壁炉，上面刻了一些字。莱特学了东方的习惯，喜欢在建筑上刻字以说明其理念。在这里刻的是一句老子的话的译文，就是那句后来为建筑理论家常提到的：凿户牖以为室，当其无，有室之用。

这句寓意深奥的话，把建筑当成哲思的范例，可把建筑家忙坏了。

通过这简单的几个字，老子告诉我们：为什么房间有用了？因为有门有窗。不要以为房间就是四壁所组成，穷人不是常说“家徒四壁”吗？错了，家不只有四壁，因为没有门、窗是不成住家的。这说明了什么呢？“无”是很重要的，这“无”字怎么解释可以引起些议论，但自原文上直解，应该指的是门窗在壁上所挖的洞。用今天的话说，应该译为“墙上挖了开口”。“无”字是指一块墙壁没有了。因为少了一块墙壁，我们得到一个房间。这是多简单有趣的观念！

这话对建筑家的启发可大了。因为建筑是空间的艺术。空间是什么？不是与实体相反的，一无所有的东西吗？老子在这句话之前的另一句，是“埏埴以为器，当其无，有器之用”。意思是更明显的。那是说，我们的陶土烧制器物，是利用中间那块没有泥的空间。为什么下那么大工夫去做一个罐子，不是为了造成中间那个空洞吗？所以无实物（泥）才有用，说明了空间存在的意义。建筑也好，器物也好，形状固然重要，其真精神在于形状之内所包覆的空间！伟大的老子教我们认识这一点。

到此，我们的现代建筑家寻求传统建筑的价值，在建筑上找不到，却找到了老子的“无”。由道家的“无”，到后来佛家的“虚空”，都可以与空间直接连上关系。这样去推论，凡是以空间为思与感的主体的建筑，就是符合了中国道家的精神，其实老子说的是做人的道理，也就是我们所说的，“退一步海阔天空”的意思！

自空间到自然

老实说，把老子的“无”解释为空间，可以增加对建筑的理解，可以帮助建筑之创作，可是对于中国建筑的现代化真的帮不上什么忙。

我到美国读书，在哈佛混了个学位，觉得很空洞，就去普大拜在拉巴图特（J. Labatut）教授门下，因为他就是张一调先生的老师。这位教授对中国文化极为崇拜，不但很高兴地收我为学生，而且一再地说要从中国文化中寻找根源。他颇以张一调为傲，希望我也能写出同样的论文。

很可惜，我是一个实事求是的人，对于与实务扯不上关系的理论，很有兴趣去了解，当作一种思想游戏可以，但要我去认真地写一篇论文，我实在做不到。想建构一个硕士的毕业设计，也不想自欺，更不用说博士论文了。他对抽象思考的价值看得太高了。但是他对抽象思考的重视，促使学生在建筑中寻找精神价值，在当时的教育界却是很大贡献，因为现代建筑太现实了。对精神价值的重视，间接鼓励了地方文化的研究与传统风格的再酌量。他的一群学生推翻了声势浩大的现代主义，并为后现代建筑的风潮开辟了道路。

后现代建筑的自然风潮

话说回头，在台湾的新建筑界，少数菁英所朝思暮想的，传统文化融入现代建筑，面临非常艰困的局面，就是因为只承认抽象到极点的空间，并不足以显示中国文化。在金长铭先生的研究室里，常听他提到“道法自然”，与“无为而无不为”等老子的话，说明了，在空间文化的背后有一个“自然”的观念，自然的极致就是无为，这与西方人所说的自然有什么关系呢？

西方人的自然，就是指大自然，是指蕴含生命的力量及生命存在的环境。在这方面，与中国南北朝时期的“回归自然”概念中的自然是相

· 在中国，“竹篱茅舍”成为精神价值甚高的建筑观，似乎只有最有心性修养的高人才能安享这样的生活。

同的。所不同的，是中国的读书人如陶潜，要回到生命本然的自然，即摆脱文明生活，回归与大自然脉动相契合的生活方式。而西方人所说的自然，是指文明人眼中的自然，四季的流转，晨昏的变化，都是文明人所可享受的美丽景致，是大自然的礼物。因此这个大自然是客观存在的，不是我要去回归的。不论是把生命回归自然，还是视自然为美景，都需要一种精神力量，而且透过诗文与艺术表达出来。所以西方人对中国文化的崇敬，是通过中国的诗文与绘画的研究与欣赏所产生的。

然而这与老子所说的自然是有距离的。老子的自然是道，就是一切事物后面的道理。这个力量是生生不息的，没有我们插手的必要。只要顺乎常理，不必有所作为，这个力量会无所不在的，使世事得到圆满的发展。所以这个自然是指常理。当我们说顺乎自然的时候，是指不用外力勉强为之，听其自然发展的意思。

这是消极的人生态度，西洋人是绝不会同意的。中国人受道家这种人生观的影响，才没有发展出改造生存环境的文化，终于落后于西方。可是这种自然观与建筑传统又有什么关系呢?

在中国，这样的观念就是回到原始简朴的居住生活方式。所以“竹篱茅舍”就成为精神价值甚高的建筑观，似乎只有最有心性修养的高人才能安享这样的生活。这样的建筑只留传在宋代以后的绘画中，成为士人的一种梦想。问题是拥有这样学养的人可能住在这样简陋的房舍中吗？他们又怎么过日子呢?

事实上，他们脑子里想的是农民的生活。陶渊明辞官回乡做农民，想到“日出而作，日入而息”。可是后世的文人却希望享受幸福的快乐生活，至少是李渔在《闲情偶寄》中所描述的生活。如果他们真想不做农民而回归自然，后来有一个方便的管道，就是出家做和尚。这样可以在大自然中选择住处，靠宗教的力量有人奉养。这就是为什么唐宋以后的文人常常与僧道、寺庙连上关系的原因。

东方的佛教，尤其是禅宗，强调心性修养，与回归自然的精神是很接近的。所以他们主张在丛林中修行，常年栖身于山林之中。他们可以结合理想与现实，且可以与高级知识分子保持往来，过高级的精神生活，是用宗教来作为中介的。日本的自然文化之能深透到民间，是因为宗教的感染力广为流传，终于成为生活文化主流的缘故。在中国的后期，自然文化变质，也是因为缺少宗教这种介质，无法把自然思想落实于生活之中之故。

现代与传统的困惑

在建筑上，把“竹篱茅舍”这种仅以蔽身的粗陋的居处，转变为高雅的文士的住所，需要一个重大的观念的改变，即素朴的精致化。竹篱茅舍是自然的，是在田园中生存的造物，满足生活的基本需求。可是这些农民一旦富有，他们就会厌弃这种简朴的房舍，选择高门大户的豪宅以营居。所以简单的农舍不是大部分中国的居住环境，我们知道的中式住宅是多进、多层的合院。因为我们缺少了把素朴的建筑高雅化的精神力量，明以后，在建筑上与日本分道扬镳了。其结果是产生了一种文化上非常特殊的造物，中国式庭园，而把文雅的生活拱手让给日本。

让我们看看日本人是怎样在建筑上保存了自然的文化，为东方的空间思想与现代建筑挂钩。

在日本的名园桂离宫中，有一个亭子，是原木搭建，茅草为顶，

· 日本名园桂离宫中，以原木搭建、茅草为顶、夯土为炕的茶亭。

夯土为炕的茶亭。这个用最原始自然的建材所建的棚子，看上去却有高雅的格调，可以看出是出于文雅之士的手笔。用素朴的材料，却以精巧的手艺、优雅的品味建成，就是通过佛教传承的心性素养而达成的境界。这与中国宫殿中的华丽亭台相去实在太远了。

有趣的是，这种高品位的素朴建筑，正是最有自然风味的建筑。他们把这种精神通过茶道之类的生活仪式传递到居住建筑之中。这就是西方现代建筑大师初到日本时所惊艳的东方建筑。

为什么莱特与葛罗培都为日本传统建筑感动呢？因为日本自中国承袭的自然思想，加上他们自己的原始文化，所呈现的建筑，正是西方现代建筑所努力追求而达不到的目标。至少在居住建筑方面，日本建筑给了他们很深切的启示。这也正是在台湾的现代建筑师所可以老子的思想去理解现代建筑的范畴。

· 这种高品位的素朴建筑，正是最有自然风味的建筑。
这种精神通过茶道之类的生活仪式传递到建筑之中。

让我们从头把思路整理一遍。

老子的“无”的哲学，使现代建筑师以空间为建筑的主体，然后再推而为建筑的形式。形式在这个逻辑上是不重要的，只是空间的外显而已。

老子的“自然”哲学，在建筑上可以分别为二支去解释。一是在感官上要亲近的自然，是道家思想推演到生活的结果；一是在理性上所顺从的自然，是心性修养的原则。前者在建筑上是一种环境观，后者在建筑上是一种适性的生活功能观。

把“无”与“自然”连结起来看，反映在建筑上就很明白了。前者是亲近自然的空间，后者是顺从自然的空间。在现代建筑的理念中，两者都是很重要的。

现代建筑是科技革命的一部分。由于新材料、新技术的发展，同时也由于现代国家社会的相对安定，新建筑的思想中包含了向自然开放，也就是打开封建时代以来，防御性与安全性为主要考虑的封闭性的住宅，享受美丽又健康的大自然。这当然是拜钢骨与玻璃之赐了。

顺从自然实在就是现代建筑的合理主义精神，演而为功能主义，是一种空间有效利用的观念。同时也可以解释为为了建筑体的稳固，以合理的结构体系与施工方法来建造的观念。这两者都表示了空间与自然的交融，抛弃文明社会中的虚伪与做作，把建筑的本质呈现出来，使它成为高贵的，也是平凡的人类的生活容器。

我在上文中所要说明的，是经由日本传统建筑所传达的老子的思想，正是西方现代建筑所追求的目标。我们在台湾，一方面研究老子思想，一方面学习西方的建筑思想，自然会感觉到两者的契合之处。所以当金长铭教授在课堂上高唱老子思想的时候，实在分不清是为现

· 密斯的玻璃盒子，似乎印证了老子思想的伟大。
（©Library of Congress, Prints & Photographs Division, ILL, 47-PLAN.V,1-1）

代建筑增加理论的深度，还是在倡导中国传统的现代化。

这时候，美国正是密斯·凡·德·罗（Ludwig Mies van der Rohe）的时代。他的玻璃盒子，似乎印证了老子思想的伟大。他几乎完全无所作为，就用最简单的结构逻辑，建构并包被最简单的空间：长方的立体。四面都是玻璃，而且是用最严谨的工法建造的柱梁结构，而有最合乎美感原则的比例与构成。虽然他从来没有提过老子，但这不是老子是什么？

至于顺乎功能，他也大有表现。在约略同时，他设计一种都市低密度住宅的形式：院落住宅。是没有外形的建筑，只有围墙与墙内的空间。我们看了这样的设计，不禁想到为什么他不是中国人，却把中国建筑的抽象的高级的素质都用上去了？我们想高举民族的旗帜，还能做些什么呢？真是又高兴，又生气。

真的，王大闳先生早年的住宅就是货真价实的院落住宅。他是维护中国传统吗？

三

台湾现代中国建筑第一波

在上世纪五六十年代的台湾，大中国感情是很深厚的。这当然是拜当局高唱复兴中华文化之赐，还有一个重要原因，是几位留美的现代建筑家在台湾掌握了建造的机会，心系祖国，所设法表现出来的中国情结。对他们来说，这就是创造的契机。

那时候，建筑界的英雄是王大闳先生。他是哈佛大学设计研究院训练出来的，而且在剑桥大学读完大学才到美国，应该是十足的洋派。他到哈佛时，颇得葛罗培的赏识，可以说尽得现代建筑之精髓。回国来，适当政府撤退来台。他的机会是政府关系，因家族与蒋家的密切往来，以留美的青年才俊形象，而能掌握到公共建筑的设计，成为年轻建筑师的偶像。

记得我在成大当助教的时候，同学们盛谈他的早期作品，在台北仁爱路上的一栋住宅，他自己的私宅。记不得曾以何种机缘拜访了这栋住宅，并承王先生接待说明。这个作品对于尚无设计经验的我，自然是印象深刻。它是属于我在上文中所说的，以老子思想为主轴的，抽象主义的传统。但王先生不善说话，是否读过老子不得而知。可以肯定的是，他把现代建筑中密斯的精神传达出来，却有中国式建筑的感觉。这种思想与感觉上的恍惚，使人有些陶醉，这是早在金长铭教授的言谈中领教过了的。

一座密斯式的院落住宅如何使人产生中国式的感觉呢？略加分析就可以明白。说到抽象，只是缺乏具体的形象，“像”还是少不了的。比如说，中国式的曲线起翘的屋顶没有了，换上了现代的平屋顶，但仍保有很深的出檐，使坐在室内的人，产生传统屋顶的遮阳的感觉——只是空间感觉而已。如果是真正的中国式，檐下会有繁复的装饰，这里当然也完全省略，变成一片水泥板了。

· 一座密斯式的教堂

· 现代建筑是以柱梁系统取代了过去的承重墙。

现代建筑是以柱梁系统取代了过去的承重墙。这一点现代的大师以为是不得了的进步，却恰恰落在中国传统建筑的窠臼里：我们自古以来就是“墙倒屋不塌”的柱梁结构，只是用木材而已。因此用现代的柱梁，整齐的安排，自然就有中国式的架势，只是少了梁上装饰性的桁架！密斯虽不懂中国建筑，却就是这样设计的，因此每栋建筑都是长方形，它称之为“终极形式”。不错，在古希腊与古中国都是这样设计的。只是古人内部的分割是按柱分间的，现代室内则随意自由按功能隔间。

有了柱梁之后，用墙壁与玻璃窗包起来。这一点与中国建筑亦颇相同。特别是密斯的作品，在一般建筑上，是砖墙与玻璃墙的组合。传统中国并没有玻璃，但在正面使用落地门，使用格子窗花贴纸采光。所以用在现代住宅设计中，客厅（起居室）对外的落地玻璃窗，可以有传统落地门的感觉。

更有趣的是密斯的院落住宅，英文称 Court House。是把住宅建立在有围墙的院落内。西方人的独栋住宅大多是堡垒型的建筑，外观视

· 密斯的院落住宅，英文称Court House，是把住宅建立在有围墙的院落内，以便在起居室开大窗，使户内外相连结。

风格的不同而异。院子在建筑物的四周，是完全开放的，自外看去是一片草坪，或花草树木。只有东方人才有院落，有围墙。密斯为了密集的城市住宅的私密性，援用了地中海的围墙，形成院落，以便在起居室开大窗，使户内外相连结。没想到这一点又是中国传统建筑的一大特点。在江南建筑中，白壁形成的院落是一大特色，我曾在南园设计中多次使用。在现代建筑的院落住宅中，如经缜密设计，可享有同样的户外园景。

把上面所提到的屋檐、柱梁、砖壁、落地窗、围墙、院落加起来，就是王大闳当年的住宅。还有一点需要一提的，是大门。记得他家的大门非常高大，与围墙同高，外观简洁，黑漆铜环，有现代感，但显然是希望创造中国传统趣味。这一点与客厅里挂中国古画是类似的。

说到这里，大体上已利用王先生的住宅说明了现代建筑师融合中国传统趣味的方法。这样的思维在那个阶段的有现代主义信仰的建筑师之间是很流行的。我有时戏称之为“密斯—中国式”建筑。很显然，

· 台湾大学的农业陈列馆

· 东海大学的图书馆

王大闳先生虽然是葛罗培的学生，他的师承却是密斯。

在这种精神的影响下，有一位自美国回来帮助兴建东海大学校舍的建筑师，张肇康，为有巢建筑师代笔，设计了台湾大学的农业陈列馆，也就是今天被称为“洞洞馆”的那一座。标准的密斯式设计，一个火柴盒，四个看面完全相同。外观是由排列整齐的柱子架构而成。在那个时代，受美国建筑师史东的影响，流行在表面使用陶管做成的屏幕，代替密斯的玻璃。一方面可当遮阳，一方面有安全防护的作用。张肇康在东海大学的图书馆上已经用过，就很自然地用在这里。我知道，在他的心里是把这些洞洞砌成的墙面，嵌在立柱间，有中国格子窗的味道，可以说是“密斯—中国式”的一种推演。

这样的建筑适合于各种用途，所以在当时很快流传，使用在一些次要的建筑上。但格子（grille）却未必一定是洞洞，可以是特别设计的花式。记得曾有一次，朋友引介我去中研院拜见胡适之先生，听他谈了一些对建筑的看法，印象中主要的思维属于现代功能主义，不赞成传统式样与装饰。他家的围墙是用立柱夹花格砖砌成，他指着围墙说，这样的装饰是可以的，因为除防护之外还可以通风。就是在这种兼有功能思考与中国花格窗联想的情形下，柱梁与嵌格子花墙的方式才流行了一阵。我在杨卓成先生处实习时，曾为台大体育馆处理立面，就用了这种设计。

其实我在成大建筑系当助教，王济昌教授要我帮忙为系馆进口处设计一个屏风。当时的系馆，进了大门就直通后院，毫无遮掩，缺少中国传统空间的含蓄情趣。我很笨，就建议做一堵花格墙，脑子里想的是老家的影壁。王老师比我灵活些，要我添加些现代感，因此影壁就变成自地面撑起的白色框子，中间以洞洞填满。只是他主张轻快些，就把陶制洞洞改为玻璃制，半透明的洞洞。

我拿这些琐碎的回忆为例，向读者说明那个时代，大家为何热心地想结合现代的逻辑与传统的感觉（当时大家嘴上挂着 feeling 这个词）。今天回想起来也许是可笑的，但在当时既贫穷又封闭的时代，我们是很认真的，点点滴滴地来凑合这两个极端相反的概念。

表现传统风貌的现代校园

在我们为王大闳的住宅所吸引的时候，台中的东海大学开始建设校园了。与王大闳在哈佛同学的贝聿铭先生是负责设计的建筑师。他当时已名扬海外，美国纽约的中国基督教大学联合董事会请他来主持一座新大学的建设，自然是顺理成章。可是这样的一座校园要怎样赋予“中国”大学的气质呢？他在美国设计的高楼是不必这样考虑的，所以他过去并没有经验。

据说他来到台中，就在校地的斜坡上，面对中央山脉定了一条线，作为校园的主轴。然后把学校的建筑群分别安排在主轴的两边。在他看来这就是中国人与自然环境配合的哲学。剩下来的工作就交由张肇康与陈其宽两位负责完成，他究竟参与多少，一直是后来争议的焦点。

若干年后，当我有机会站在东海校园的中轴上向远山眺望时，很佩服贝先生的卓见，但是却也知道，这与中国传统无关。因为真正的传统做法，是自风水观察找到主轴，然后把主要的建筑安置在主轴上，自上而下，层层向后延伸，而不是把建筑群向两侧安置。

张、陈两位先辈在建筑上各擅胜场。张先生是很认真的建筑师，一步一个脚印的执行者。陈先生是一位浪漫的画家，是建筑气氛的创造者。他们原本是在纽约画图，委由这边的建筑师详细作业，但首期工程文学院的结果，贝先生不满意，就把他们两位派来台湾了。张肇康是实际的主导者，早期较精致的建筑都是出之于他的手。

与王大闳比起来，张、陈两位先生对传统的意象要清楚明显得多，也就是说比较具象。他们使用合院作为建筑单元的概念就是很好的例子。这种想法恐怕也未必是贝聿铭的主意。大约在上世纪 60 年代初，我去东海任教，看他们完成了第三个学院——工学院，仍然是合院的形式。贝先生来台时，我曾偕校长陪他走了一趟。听他所表示的意见是，其实不必复制合院，可以按功能重新设计。这使我了解，贝是现代主义者，合院应该是张、陈二位的主张。

由于表现传统的风貌，东海初期的学院建筑完全没有特殊功能的考虑，是一座三合院，正面为二层，两厢为一层，然后用廊子连起来。至于是否够用，也未加考虑。这是颇合中国传统习俗的。只是这些三合院并不照中国传统面对山下，而是侧向安置的。早年的东海，以博雅教育为宗旨，是以师生见面听讲为主要学习方法，所以简单的建筑并无不合用的问题。

至于建筑的外貌呢？由于要求具象，所以是采取一种简化主义，把传统建筑去掉繁饰，予以阳春化。由于建筑材料大多改变，颇似中国建筑的模型。如果用一个比喻来说明，好像西洋人说中国话，大体可通，而且一板一眼，只是味道有些不合，一听就知道是外国腔。

具体地说：屋顶大，出檐深，但没有曲线与起翘；灰瓦，没有瓦垄，上面没有脊饰，下面的木构只有一排方形的小木椽子。水泥原色的方柱子及梁，没有漆饰，也没有斗栱。屋顶下及方格门窗用原木色。墙壁用砖砌，清水面，是西洋的简单砌法。这样的灰、白的原色建筑如果没有斜屋顶与合院的组成，与一般现代建筑无异。加上屋顶后，下面再加台阶，才有点中国建筑的联想，可是很容易会被误认为日本建筑。

仿古与仿日之争

诚然，日本的寺庙就是灰色与木色组成的合院建筑。他们京都一带的民宅，就是自然材料、直线条的灰瓦建筑。在那个时代，大陆尚未开放，对中国古建筑有兴趣的人都到京都、奈良去参访那些来自古中国的较素朴的寺庙，受到感动。所以张肇康等人脑中的中国传统建筑，可能很难与日本古建筑分得明白。

东海校园初开学的时候，完成的是行政中心。这是一个三合院，但与中国传统相反，大门是自主楼的后面进去。不但如此，正面的地面层挑空，校长室在楼上，所以外观是挑离地面的大屋顶建筑，与以

· 东海大学的建筑在构造与美感上是很认真的作品，完全符合西方建筑的水准。在主事者的心目中，说这是现代化的中国式也并不为过。

台阶为基的中国建筑完全不同，所以当时外界盛传东海大学的建筑是日本式。这没有什么不好，台湾原来就有哈日的风气，可是学校当局却不以为然，就传出唐式建筑的说法。这是因为日本建筑是到大唐取经，才把中国建筑学来，所以日式可以解释为唐式，只是宋代以后，中国建筑渐渐装饰化了，才变出五颜六色来。这种说法事出有因，但颇为牵强，因此还是解释为简化的中国式较为妥当。

在此要说明的，东海的建筑在构造与美感上是很认真的作品，完全符合西方建筑的水准。在主事者的心目中，说这是现代化的中国式也并不为过。单独看铭贤堂就是一个很好的例子，还混着些西式教堂的味道呢！

我初到东海的那几年，见证了另一波的现代与传统结合的思考，这次的主角是陈其宽先生。

陈先生是画家，建筑虽是本业，却并没有全心投入。对于东海校园，他曾画了几张透视图，看上去像是在树林中的寺庙群，虚无缥缈，难分天上人间。早期的东海，他可能较少参与。我明确知道出于他的

· 东海大学铭贤堂

手笔的，是校长公馆、接待所等比较边缘性的建筑。我一直认为他的主要工作是在张肇康回美、他接系主任职务后的一些建筑设计，当然以东海教堂为主要作品。这个作品为贝先生所爱，因此形成几十年间贝、陈之间的著作权争执。

陈其宽先生在美国时，曾为葛罗培（Walter Gropius）工作，但拒绝当哈佛的学生，所以他受现代主义的影响并不深透，但有现代艺术家的想象力。他认为终生最佳作品是东海教堂，其实东海教堂确为现代中国建筑的杰作，是结合东方与西方、现代与传统最理想的作品，堪为时代典范；在建筑的形式与空间美学上也有极高的成就。

过去西方的基督教传教士来到东土，为建教堂，只想把西方的形式搬过来。虽然曾有天主教士尝试使用中国建筑形式建为教堂，但都不成功，因为教堂是一种信仰的象征，不只是建筑的造型。以台湾来说，过去百年在各地建了各教派的教堂，都是完全搬来其母国的教堂形式，可以追溯到欧洲的教堂建筑。因为试图在教堂建筑上尝试本地形式，其效果在建筑上与信仰上都是不成功的。东海教堂能结合东西与传统，

· 东海教堂

· 东海教堂结合东西与传统，是中国趣味与现代科技的完美结合。

真是难能可贵。

在基本造型上，东海教堂是西方基督教堂意象的简化——正面为三角形。这是莱特以来在美国逐渐流行的教会象征，是现代主义在宗教建筑上的结论。把形成三角形的两片屋顶改为四片，适应教堂内的菱形空间，既合乎功能，又在外观上形成扭曲的屋面，加上传统曲线后，就塑造了一个很有创意的造型。然后用现代技术——四片钢筋水泥双曲面板——建造起来，真的是中国趣味与现代科技的完美结合。

由于大学教堂的功能非常简单，象征意义超过用途，又有一片大草坪作为背景，可以自由发挥，才有东海教堂产生的可能。据我了解，陈其宽先生在台北也有过教堂的设计，由于种种条件的限制，表现未必精彩。因此东海教堂算是千载难逢的机会。

陈先生在东海的后期，由于联董会经济困难，经费短缺，诱导他使用现代结构技术——薄壳，首先为建筑系搭建了一个长条形的系馆，才花了几千美元，大家都觉得很精彩。稍后，利用同样的技术，在教

· 陈其宽先生使用现代结构技术，营造深出檐的传统感。

堂的附近，设计了“艺术中心”，由于经费略宽裕，他的中国情结又可以得到纾解了。这座艺术中心是他最值得注意的作品。我有幸参与了这次的设计，为他负责建筑实务的执行。

他使用的薄壳是以一把伞为单位。这是从外国学来的。伞是方形的，柱子与梁之间是抛物双曲面的结构体，如成列排起来，有深出檐的传统感。所以用薄壳伞建成合院，自然会有通廊环绕之感。这是艺术中心的设计的核心构想。非常现代，又非常传统，富于创意，又非常便宜。当然，自外表是看不出来的。低矮的开口偶尔使用中国式的圆门或花瓶门，重点就表现出来了。

也许受苏州院墙的影响，他喜欢白色。在门窗与室内必要处则使用原木色。加上回廊、中庭与深檐，就是陈氏的新中国风的建筑，很淡雅、素朴，但有很难言说的传统意味。有些效果连他自己也没有料想到。

如果把陈先生的“薄壳中国风”与王先生的“密斯—中国式”比较，

前者是多了一些具体的象征，更有中国味一些。以院落来说，对于陈先生，就是三合院与四合院的院落，不是院落住宅的院落。陈先生连红砖也不用，因为清水砖的墙壁是西方的，与中国流行的斗子砌是完全不同的。

说到这里，我们大体上可以归纳在现代主义鼎盛时期，台湾建筑师对传统所持的立场。我们所举的例子是具有代表性的而且是态度很严肃的建筑师。在同一个时期还有些建筑师也努力于创作，也有些以抽象的传统为原则的作品，虽影响力有限，期待后世的学者做深入的研究。在这里，我们简单地说明了现代建筑与传统融合的困局，几乎是很难克服的，因此使中国建筑现代化的问题迟迟无法达成共识。只有各说各话，自求表现了。后来王大闳先生著文批评贝聿铭先生，可以说明此一困局的存在。

四

地域主义的历史意义

在我们学建筑的时候，没听过地域主义的讨论，因为现代主义才是主流。可是大家都知道有历史主义这回事，因为在欧洲学院派主导的时代，建筑的学问都集中在历史样式的研究与学习，所以设计的作业就是如何聪明又适当地使用历史式样。这种历史形式的抄袭与套用正是现代建筑批斗的对象。这两者有什么关系呢？谁也没有想到。如果偶尔谈起，也会认为地域是建筑设计对环境条件理性的、科学的思考要素；而历史的样式是老古董，是落伍的，没有必要浪费心思的。

在台湾，我们批评历史主义的建筑是很现成的，那就是政府所建造的宫殿式建筑。把清代宫殿的式样使用在新的公共建筑上以增加其纪念性，是国民政府在大陆时就已形成的政策。当年在大陆，通过中国营造学社对清代建筑的研究，掌握了基本的清式建筑的方法，有些聪明的留美建筑师，受过欧洲学院派训练的，就把西方历史主义的建筑设计方法用到中国，得到良好的反应。即使是台湾二流的建筑师同样可以复制宫殿式样的公共建筑，只是设计的功夫比较差些而已。

其实中国西化时期的建筑教育，一直到抗战胜利，都在西方学院派的支配之下。这是因为民国初年出国留学的年轻建筑师，包括梁思成等在内，都是受的学院派教育。这些名校，以宾大为例，承袭的是法国美术学院的教育，是历史主义建筑的堡垒。这批留学生回国，传授西式历史建筑，当然有些莫名其妙。所以他们之中有志气的，回国之后，以研究西方古建筑的精神，整理国故，调查测绘，开始建立起中国本地的历史建筑的学问，原是十分自然的。同时，当民族主义的思想逐渐抬头，在建筑学上，用中国古建筑的形式代替西方古建筑，

· 辅仁大学（后并入北京师范大学）的华洋混式风格

是理所当然的事。

不仅如此，来自美国的传教士要在中国兴学，当他们要建造校舍，就要面对建筑象征的问题。他们是外国人，来此传教，建西式教堂是理所应当的，但校舍应该是西式建筑吗？连他们都觉得不合适。因此他们很自然地把中国宫殿的屋顶视为象征了。

所以来台湾后，当局把宫殿式视为正统的式样实在是无可厚非的。可是时代变了。成大建筑系的课程虽因袭大陆时代学院派的传统，来台执教的教师们已接受现代建筑思潮的影响，尤其是学生们，已经可以读到英美的建筑刊物，半生不熟的现代思想已成为主流了。所以听

· 台北东门

到留美的王大闳与贝聿铭就十分崇拜，视他们为学习对象。可是历史真该被丢弃吗？

历史主义的种类

仔细分析起来，建筑上的历史主义有多种不同的义涵，其意义与价值是不能一概而论的。

第一类是前文所讨论到的西方学院派的历史观。他们隐约地认为每一历史阶段发展出的成熟的建筑样式，都是人类文明的宝藏。古希腊的庙宇，古罗马的拱顶建筑，中世纪的教堂，包括仿罗马时期与哥特时期，都留下了很伟大的遗迹，在造型、技术与美学上足为后世之范式，到了近代，回顾这些伟大成就，只要善用这些资源就够了。设

· 台北中正纪念堂

计师的任务就是如何把这些高明的资源运用到现实生活之中。因此他们把这种建筑观称为“折衷主义”。也就是不必强调当年原生的样式的完整性，把旧瓶装新酒，而是实事求是地用这些旧材做成新酒。

这样的历史观是装饰主义的，他们并不是尊重历史，而是喜欢历史上所创造出的形式与空间，可以选择性地复制到今天的世界上，充实我们的生活，增加精神的内涵，满足我们在品味上的需求。今天我们已不能接受这种因袭的作风，而重视独创的价值。但是平心而论，

· 台湾忠烈祠是复古的历史主义奉行者。

作为一个正常人，喜欢把历史上美丽的造物加以模仿，可以经常欣赏，不是很合情理的吗？折衷主义只是更进一步通过巧思，使古代的美感经糅合而再现，这有什么不好呢？

第二类是复古的历史主义。这一类很少被讨论到，因为已经被丢到时代的垃圾桶里去了。其实在过去与现在，这种历史观仍然不时被奉行着。

复古派是忠实的历史主义者。即使在美国，其首都还有人要建一座标准的哥特式大教堂，花了一百年还没有建成。在美国的各城市都可以看到古希腊的庙宇，如同在台湾，忠烈祠的建筑就是标准的宫殿式建筑的复制。这种观点对古代心怀崇敬，认为完全保留古代的式样最为理想，是百分之百的形式主义者。只是经过时代的变迁，真正能配合今天生活之需要者是少之又少了。比较用得上的是文艺复兴至巴洛克时期的贵族住宅，还可以适合现代富庶的新贵族。

第三类是现代建筑师想出来的带有妥协意味的历史主义。这是什么意思呢？因为现代建筑师在现代主义的思想引导下，一切走合理的、功利的路线，在骨子里是反历史形式的。但他们为了无来由的民族主义观念的影响，也承认公共建筑应该带有民族的色彩，以别于西方的形式象征。这种矛盾要如何解决呢？惟有妥协一途。也就是说，建造的虽是现代建筑，但在整体的造型上，关键性的局部上，设法呈现民族色彩，使现代人一眼看出就知道这是有传统象征意味的现代建筑。

这种做法可以称为“新折衷主义”派，是现代与历史主义的折衷，只是没有形成学派而已。要点是，在基本上为现代，意即结构、材料都要合乎新建筑的理性原则，只在形式的视觉焦点上采用古代的象征。

最好的例子是台北市的国父纪念馆。这个馆在筹建的时候，想到的是广州的中山纪念堂。那是学院派折衷主义的佳作，是上世纪30年代的作品。可是在三十几年后的台湾，舆论要求的是新时代的建筑，筹建委员会当然认为王大闳先生是众望所归。可是建设一座具有政治意味的纪念馆，怎么可能忘掉民族的象征？在这种困难的情况下妥协，其结果就是战后美国流行的现代文化厅堂的造型，加上中国传统意味的屋顶。

美国战后的著名的纪念性建筑，如华盛顿的肯尼迪中心与纽约的林肯中心，都是使用现代柱列当正面，有些古典意味，又合乎现代结构逻辑。这对他们来说毫无问题，因为以柱列为象征的古典语汇，加上平屋顶，早已经国际化、合理化了。可是用在台湾，要如何使广大民众视为民族的骄傲，却非在屋顶上动脑筋不可。

今天看到的资料，王先生解决这个问题，首先考虑使用中国式屋顶的变形，希望兼有现代造型与传统风貌之长。他的设计是把屋顶做

· 国父纪念馆是战后美国流行的现代文化厅堂的造型，
加上中国传统意味的屋顶。

成一对巨大的“乙”字，放在西式柱列之上。“乙”字经过美感上的斟酌，上面是一条上仰的曲线，希望观众可与古代的屋顶曲线联想在一起。两个“乙”字对称排列，符合中国中轴对称的原则。这样苦心经营的设计，却通不过筹建委员会的审查。委员们对于造型不够敏感，看不出这样的设计与中国风格的关系。因此王先生不得不妥协，把“乙”字设计换作更写实的屋顶，这就是我们今天所看到的国父纪念馆。

老实说，国父纪念馆的造型以我这样的现代派的眼光看来是有排拒性的，我原以为王先生会感到很委屈，可是后来发现他颇引以为傲。在他看来，后来的设计是良好的妥协，既有中国宫殿的黄瓦，又有起翘的曲线，蓦然看去，几乎与传统宫殿无异，但仔细看，自建筑学的严格眼光来评断，又不合传统的逻辑，可以视为现代线条与形式的组合。只要专业者在心情上有妥协的空间，则以社会大众的眼光去做判断，是可以接受的中间立场。可是这真是建筑界可以接受的吗？

时间、空间的人文思考

上面谈了些历史主义建筑的种类，与地域主义有什么关系呢？让我们稍微抽象地思考一下这个问题。

在现代主义流行的时候，欧洲建筑史的德国派创造了“时代精神”这个名词。这是说，在历史上每一个不同的时代都有它的独特的精神，表现在建筑与艺术上。因此才有《空间、时间与建筑》（*Space, Time and Architecture: The Growth of a New Tradition*）那本轰动一时的名著。可是即使读了吉迪恩的这本书，除了认得现代四大师之外，有多少人去思考三者的关系呢？

崇拜大师的时代已经过去了。今天看时间、空间，要连结它们与建筑的关系，必须把“人”当成核心才有可能。时间与空间都是物理学上的基本要素，时间与人的生命过程相结合就是历史，空间与人的生命场域相结合就是地域。把建筑视为与时间、空间有关，是经由人的生命的认知，把历史的要素与地域的要素并合起来，来认识建筑形成的力量。所以历史主义与地域主义都是思考建筑不可少的内涵。而这两种力量都是经人类的生命历程产生出来的。

在远古的时代，人为了求生存，在他降生的地理环境中，凭着智慧创造了文明。建筑是文明的一个环节，所以有其物质的意义，也有其精神的价值。当我们谈到生活方式的时候，大体上是指由于地理因素的影响所产生的物质生活，如衣食住行等。当我们谈到思想观念的时候，则是指人类在求生存的挣扎中，精神所需的出路。而精神面的提升在文明进展的途径上，所占的地位愈来愈重要，甚至超过了物质的需求，并标示了一个文明进步的水准。

建筑这种创造物，忠实地记录了当时的生活方式，及所承载的精神价值。在时间轴上，生活方式因物质条件的进步在逐渐改变中，而象征意义亦因精神领域的扩展而有所改变。所以建筑是文明史上最具体的时代记录，这是我们今天要努力地保存古迹的主要理由。

但是回顾历史、研究历史是我们唯一的理由吗？

不然。历史会在传承中存在，这是我们在保存工作上不喜欢用“历史”，宁愿用“传统”建筑的理由，因为历史是回忆的，充其量不过是供人发思古之幽情，但传统则暗示着民族所传承下来的价值，并不是在眼泪、鼻涕之后可以丢弃的垃圾。但珍惜传统，会不会又回到古典形式的抄袭呢？文化传统又是怎么回事呢？

谈到这里可以知道，建筑不是单纯的形式问题，形式与空间反映了一个地区的文化传统。不只是怎么过日子，还有怎么欢笑怒骂。单是宗教的信仰与象征就说不清楚了。台湾地区的宗教建筑就是很好的例子。

形式与空间的基因

不用说就知道台湾的宗教建筑是来自闽南，与信仰一起过来的。可是要想知道初来台湾时的面貌已经很不容易了。为什么我对鹿港龙山寺那么珍惜，劝告当年打算改建的委员们要保存清代的原貌？因为我知道，庙宇建筑是最容易改变的。

今天所看到的庙宇，即使名义上是清代所建，但已历经多次改变，原貌尽失了。在台湾，气候潮湿，木质容易腐烂，每过三五年就需要修理，此其一。庙宇可以因香火之盛衰而有所改变。衰者自然颓败，盛者则因信众之要求而加大规模，建筑之外观与材料自然随之改变。台湾看不到第二个鹿港龙山寺，是因为日本人占领台湾的时候，征用了龙山寺，作为日本的寺庙，也就是在日本人的保护下，度过了几十年，而那正是台湾庙宇形体变化最大的阶段。我们有机会看到被日本人保存的古建，实在是历史的偶然。比较一下鹿港同样有历史的天后宫是什么模样，就可知道传统的价值是什么了。

回到地域与历史的讨论。当台湾自大陆承袭庙宇信仰与形式时，台湾的庙宇建筑是闽南式，也就是传承了闽南的地域特色与历史累积的结果。可是到了台湾之后，就会受到台湾地域的影响。地域转变的影响是缓慢的，可是当台湾成为异国的殖民地，即使对宗教没有强制

· 鹿港龙山寺

· 台湾的庙宇与大陆沿海一带的宗教建筑截然不同，与本地的清式闽南建筑也已脱离关系。

性的改变，文化也会因而变质，在不知不觉间，就与大陆的庙宇建筑分道扬镳，自成系统发展下去了。

只要去今天的闽南走一趟，就知道台湾的庙宇，如台北的龙山寺一类的建筑，在大陆是看不到的。至于中南部香火鼎盛的大庙，其建筑的富丽堂皇，雕饰之堆积，简直难以用语言形容。又因为战后政治的发展，庙宇不但在信仰上是人民的精神重心，在政治上也成为举足轻重的力量。这些人文的现象，走到庙口就感觉到了。然而有趣的是，民间宗教建筑如此兴盛，建筑教育界却视若无睹，建筑的专业者对于这些大庙都几无所知，更不用说经由研究，进行了解了。它是民间自发自生的建筑场域。

自台湾的庙宇发展可以观察到几个有趣的现象。首先，其地域性非常浓厚。这是前文提过的，它不但与大陆沿海一带的宗教建筑截然不同，与本地的清式闽南建筑也已脱离关系。这是地域因历史发展的歧异所造成的结果。但也说明了当地域文化的特殊性凸显后，在建筑上不期然地就表现出来了。可见地域与历史的因素是分不开的。

其次，其建筑的形式与空间的传统性，仍是不可能否认的。我们

· 龙山寺一类的建筑，在大陆是看不到的。

走到台湾的乡间，随时都会看到或大或小的庙宇，所处的环境各不相同，形式特色各有千秋，崇拜的神祇亦千奇百怪，但一看就认出是台湾本土的庙宇，几乎没有例外。我曾到马来西亚旅行，在华侨集中的地区，看到不少闽南传统的庙宇，我立刻即可辨认其闽南的特色，但也同时感到异域的色彩，与台湾庙宇相去甚远。可知建筑形式与空间的基因是不容置疑的。

第三，台湾庙宇形式在后期发展上特别侧重于装饰性。闽南建筑原本就重色彩富丽的装饰，在屋脊及檐下安置很多民间故事的雕刻与绘画，是民俗艺术的宝藏。到台湾后，这一部分发展得特别精彩。交趾烧与“剪粘”使台湾庙宇的屋顶近似民艺的展示场所。这两种工艺越到后期，成为庙宇地位的象征。这些早期用瓷片塑制或烧成的民俗小说的故事，与庙宇的神祇无关，有以戏剧娱神的意味。到了后期，由于可以使用塑胶色片组成，规模就无限膨胀，甚至大过屋顶本身，使得一个小型的庙宇的外观，几全为彩塑所笼罩，至于镂空的石龙柱

· 在马来西亚华侨集中的地区，有不少闽南传统的庙宇，可辨认其闽南的特色，但也同时感到异域的色彩，与台湾庙宇相去甚远。

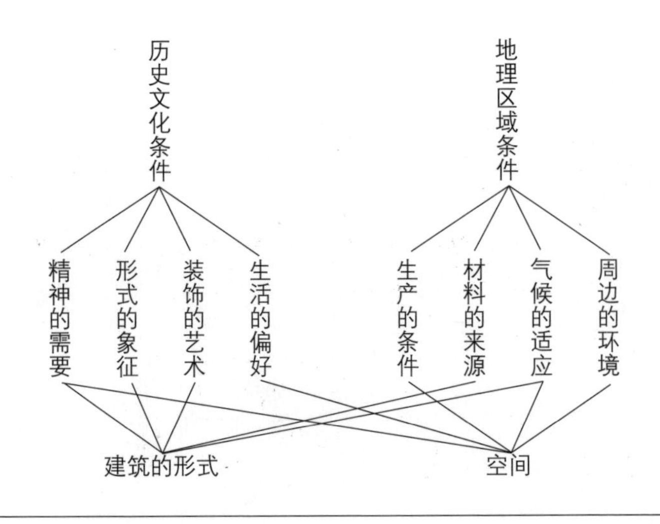

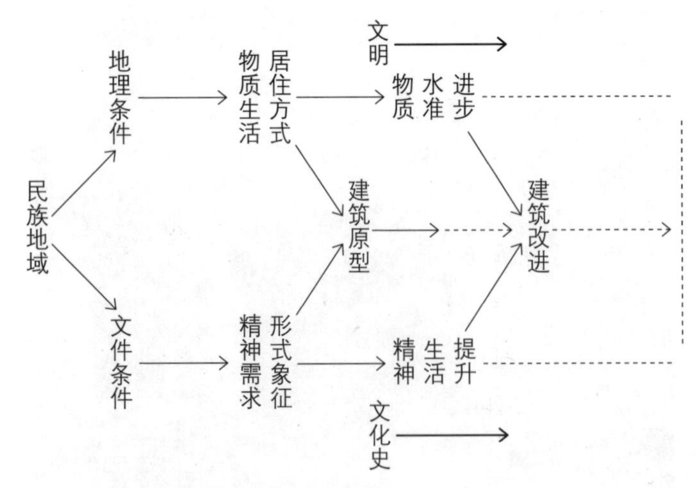

・ 地域性在地理与历史两大条件下的建筑因素

更是不在话下了。

总之，地域主义是与历史传统很难分辨的。在有丰厚文化的国家，由于地理位置的物质性影响受到忽略，文化传承的特色实际上囊括了大部分乃至一切地方色彩。中国就是这种情形。闽南与台湾在地理环境上完全不同，台湾建筑却原封不动地自闽南搬来。但是在开拓性的国家，如美国在其西部开发时代，地理区域的物质性条件则占有主要地位，欧洲的生活方式与形式观则属于次要的性质。一直到开荒完成后，大家才想到精神的价值。

五

有机建筑算什么

在我念建筑系的时候，几位开明的老师，谈到新建筑，开口闭口就是“四大师”。我自当时最著名的建筑理论著作《空间、时间与建筑》一书中知道，这是建筑史学者吉迪恩所推崇的20世纪初新建筑运动的四位领袖。这四位大师各有理论，都有足为后人学习的重要作品，领一时之风骚，在吉迪恩看来，他们都是新时代精神的代表人物，现代建筑之标杆，为后代之楷模。

可是略深入了解一下这四位大师，读读他们的著作，就知道他们虽然都在时代的前端，却未必同意彼此对时代的解读。其中至少有一位，也就是美国的莱特先生，就直截了当地提出反对“现代”建筑的看法。不但如此，他也没有强调建筑的地域性，或功能主义，却倡出一个颇令人不解的名称——有机建筑，代表他的独特观点。所以提到现代建筑的大师，应该是三大师，另外一个则是反对现代建筑的有机建筑师。

由于莱特在20世纪的世界建筑界居于很高的地位，他的建筑论又颇为明确坚定，对于地域主义的发展有极大的影响，我们在此不能不剖析有机主义与地域主义的关系，帮助我们找到建筑地方性的根源。

现代与有机

那么“现代”与“有机”有什么关系？还是完全没有关系？为什么莱特把各著名大学的建筑教育骂得一文不值？为什么他那么看不起米开朗基罗？

自时代的观点看，有机建筑只是莱特自行创造的名号，它应该是现代建筑的一部分，因为它生成与发展的年代就是“现代”，也就是20世纪的上半段。只是它与正统的，创生于欧洲的现代建筑，有完全不同的育成土壤而已。现代建筑是在古老的欧洲文化的核心地带，以科学精神为武器，抱着反叛的心情所发展出来的观念。求新求变是新生命的领航原则。而发生在美国中西部的大草原上的有机建筑，没有什么好反叛的！除了东部几个因袭欧洲文化的城市之外，他们向前看，看到自己的独特的远景，是与欧洲的革命家完全不同的。莱特不是革命家，是创生者，他想找到美国自己的建筑的根源，建立自己的建筑文化。

所以他痛恨传承欧洲建筑文化的东部城市与大学。他不是要改革，是把他们全丢弃，因此自己创立了建筑的学校，作育真正的美国建筑师。既然强调美国精神，自然在骨子里就有地域主义的内涵了。他的师承是爱默生等热爱美国本土的文学家，是美国创国时期领袖们的精神。他自认为是美国草原文化的产物。

理性地分析起来，“现代”与“有机”的异同何在?

先说其相同之处。

前面说过，两者都产生在科学昌明的时期，背后都有科学的、理性的精神为支架。换言之，两者都是讲理的，反传统、反独断的。因此，两者最明显的共同点就是功能主义的精神。回想起来有趣的是，功能主义这个口号不是欧洲新建筑的产物，却是美国人沙利文所提出来的。沙利文是何人？是世纪之交很活跃的一位芝加哥建筑师，原本是学院派的底子，科班出身。可是在美国的中部开始建造在学院里学不到的现代高楼及其生活方式，悟到了“形式从属功能”的道理，后来流传为新建筑的经典理论。他这句话非常简单有力，指引了新建筑的设计

· 沙利文在美国的中部开始建造在学院里学不到的现代高楼及其生活方式，悟到了“形式从属功能”的道理，后来流传为新建筑的经典理论。

方法，就被欧洲新建筑运动借用了。而年轻的莱特，初在建筑界工作，就进到他的事务所，把他目为老师了。

可是莱特吸收了沙利文的精神，初期的设计甚至还使用些学院派的语汇，却不再把功能放在嘴皮上，而倡导所谓有机建筑。这当然是他自立门户的成熟时期了。但是不论他为何避讳与“现代”的牵连，功能显然是他建筑思考的基础。功能实际上包含了使用的空间与结构的形式，在心态上与现代建筑的信徒并无二致，只是他们的思路完全不相同而已。怎么去理解他们的相异之处呢？要在字眼上动脑筋。

人与环境的结合

有机是什么？是指有生命的意思。既然扯上生命，其内容就很玄奥了。但我们暂不做深入的探讨，先在字义上去考量。简单地说，以科学为主心骨的现代，“有机”有没有份？有的，那就是生命科学。我们常常忽视了生命是科学的事实，以为科学就是物理、化学等“硬”道理，并自此推演出工程技术等，因此改变了世界的面目。生命就是生命，即使连上科学，在早年的科学领域里，就是生物科学及农林等相关学域，不能说对世界的进步没有贡献，但总予人以次要科学的印象。人们怎么去看农业科学的进步呢？很少人会注意到育种等软性知识，所想到的就是庞大的耕耘机与收割机。

无可讳言的，物理与有机虽都是科学，但有机重在生命，而生命则涉及广大的思想领域，远非物理所可及。所以探讨建筑的理论，把建筑当成有生命的个体，多少就会溢出科学的范畴，带一些玄学味了。这就是莱特的建筑不能在课堂传授的原因。

让我说清楚一些。有机建筑这个名词，可以有两种解释。一个是以生命科学的观点去思考建筑的课题，另一个是把建筑当成有机体一样看待，去思考建筑的存在。这两种解释有很多重叠之处，但基本观念却是完全不同的。

自前一个解释看，建筑是人类的居住环境，因此在构筑这个环境的时候，要考虑到人类的需要。而所谓人类的需要，就是要保持居住者生理与心理上的健康。这是理所当然的，建筑师原本就应该这样为业主服务。但是我们不能不承认，这样简单的一句话需要多少专业知识才能达成，甚至可以说，几乎没有一位建筑师可以满足这样的条件。

· 纽特拉的建筑

这样的有机建筑其实是现代建筑的梦想，是没有可能达成的。与物理性的现代建筑来比较，实在困难得太多了。我在出国前曾读了纽特拉（Richard Neutra）的《从设计求生存》一书，知道有这种以生命与环境科学为主轴的有机思想。到哈佛时曾尝试向几位教授求教，他们都顾左右而言他，显然一无所知，我才明白这是永远达不到的理想。建筑要追求完美的、合乎科学的解决方法，是缘木求鱼。

这个方向当然无法得到完满的答案，可是退而求其次，只要把“生理、心理需要”的内容简约化，简约到我们可以掌握的程度，提供一个适住的环境仍然是可能的。这是怀着生命观的建筑师所努力的方向。以纽特拉来说，他在战后的美国西部，依此观点设计了若干住宅，一时成为风气，改变了加州住宅建筑的面貌，就是成功的例子。他是奥地利移民，在骨子里重视科学思维，所幸他也是很高明的空间艺术家，才能探讨所谓心理的需要，而不必钻研艰深的生理心理学。

第二个解释在思想层面上是复杂的，要自形上的思维中寻找答案。

· 把人类包括在建筑之中，成为一体的时候，建筑才有自己的生命。

要怎么看建筑是一个有机体，也就是“生物”呢？建筑确实有自己的生命吗？我们只能说，把人类包括在建筑之中，成为一体的时候，建筑才有自己的生命。因此在我们认定建筑的有机性的时候，我们是把建筑当成我们的皮肤一样来思考的。

在大草原上，莱特要使建筑有自地面上长出来的感觉，同时匍匐在大地上，与大地共生。因此把建筑视为植物较切合实情。由于人与建筑的一体化，实即人与环境的充分结合，我们看建筑与看到自己没有两样。

说到这里可以知道，其实这两种解释的实质意义是相同的，只是前者是以科学的理念，用科学的方法去实现，后者是同样科学的理念，却用玄想的与艺术的方法去实现。在大草原上营居，由于风大、太阳毒，建筑环境要低矮，贴近地面向水平发展，要有伸展的遮阳，避免眩光，而且可以在深出檐下制造阴影，成为生物喜爱的生存环境。这样的思考方法，就是科学的与纯理性的。

· 在大草原上营居，由于风大、太阳毒，建筑环境要低矮，贴近地面向水平发展，要有伸展的遮阳，避免眩光，而且可以在深出檐下制造阴影，成为生物喜爱的生存环境。

在大草原上营居，也可以大自然生存环境的体会来进行思考。可以想象一棵大树，在这样的环境下，倾向于向水平伸展，枝叶茂密，伸展得远，树下就形成一个独立的生态天地，生机蓬勃，充满了生命的故事，也孕育了生命。如果把建筑看成这样一棵树，就是使用隐喻、艺术的思考方式来解决居住问题。最后得到的实质结果也许与第一种解释没有太大的差别，但在精神的层面就完全不同了。后者是哲学意味的产物。

莱特的有机建筑观

由于这种对自然的深切关怀，不自觉的，在建筑的构思上就有超乎纯功能的思考。莱特非常反对方正的几何构成，就是出于对生物成长的尊敬。举例说，现代建筑革命的动力之一就是新材料与新结构系统，特别是柱梁系统。这是在工业化以后最有效率与普遍性的建筑技术。可是看在莱特的眼里，这算不上建筑，因为它缺少生命的内涵。

坦白说，在我们看来，营造适于生存的建筑环境，与纯工具性的结构系统应该没有多大关系。只是看在一位哲学家的眼里，柱梁系统虽然是十分方便的工具，而且是自古典以来就被视为建筑之必然的，却没有生命的象征价值。莱特要使建筑像树木一样，自土地上生长出来。

这就是莱特特别偏爱悬臂式结构的原因。

在他看来，力量来自树干。树根深入地下，与大地紧密地连结着。一座住宅应该就是一棵大树，建筑的中央就是一根大柱子，屋顶是从这根柱子伸展出去的结构，住宅内的各种功能就围绕着中心形成房间，或连通的空间。屋顶结构的边缘自然缓缓下垂，安装低矮的门窗与外界隔绝。如果这座住宅需要多些房间，就在大树旁边多植些小树，或成列或围拥，形成树丛，仍然是一个有机的整体。当然了，这只是一种理念，实际的建筑有机性还要颇有慧心的人才能体会。

即使在现代的大型建筑中，他也尽量保留树林的形象。莱特的著名作品中，有一座“强生石蜡公司”的办公楼。这座有名的办公大厅，也没有使用柱梁架构，而是用一群柱子上撑起的小圆顶组成，如同进入一个人工的森林。他曾设计十层左右的楼房，也是一个中央大柱，层层楼板悬臂挑出，宛如一株南洋杉。

这种生物的建筑观还衍生出另一种自然主义观，即对材料的特殊要求。现代建筑的动机来自现代材料，而新材料的最大特点就是工业生产与制造，也就是远离自然。但是有机思想来自生物科学，它所要求的材料素质就是自然：产生于大自然。最直接的解释是，建筑既然是大地之子，是自土壤中生长出来的，那么构筑的材料必然与大地有血缘关系，也就是产自大地的材料。因此在莱特的成熟期建筑中，用得最多的是石头与木头，顶多是用泥土烧成的砖头。自此可以知道，“有机”的观念是很深入地与地方文化相连结的。

举例说，莱特使用大石块在西塔里生建屋，就是要与亚利桑那的地景相结合。走进大石砌成的室内，与进入洞内无异，好像远古时代的穴居的延伸。但美国人的生活文化承袭了西方数千年的文化传统，是不会因而失掉的，最明显的是建筑核心空间的象征意义。

我们知道西方文明自古希腊以来就是用火炉作为家庭的中心，因此火炉与家就有不可分割的象征意涵。自生活的功能上看，火炉代表温暖，是一家相聚取暖的所在。同时在古代，也是用以准备食物与烧

· 莱特的“强生石蜡公司”办公大厅，是用一群柱子上撑起的小圆顶组成，如同一个人工森林。

水的能源。到了西方文明的后期，火炉壁炉化，并且加上各种装饰，已经失掉精神重心的意义。但自功能的思考上，壁炉仍然负有家庭聚会中心的作用，只是壁炉上悬挂的祖先肖像之象征价值已超过下面不再起作用的炉火了。

有机建筑所带领的地方文化风潮，要把文艺复兴的假面具摘掉，恢复到自然炉火中心的时代，所以要把作为大树支柱的核心石壁开辟为有真正作用的壁炉，使火的光热，木的香味，重新回到真实的生活中。因此“家”的精神价值再次为之彰显，住宅因此才有住家的意义。这样的住宅设计观念在美国中、西部形成一种主流。可惜的是，美国的中产阶级过分醉心于欧洲的贵族传统，把各式各样的欧洲风格搬来，而未能充分发挥有机建筑的精神。到今天，经过进一步的国际化，具有地域色彩的有机观念几乎已经完全消失了。

· 我们的建筑是对称的合院，除了大家族有后花园之外，中国的合院住宅中是少有树木的。

有机思想的国际性

上一节所讨论的地域色彩的有机建筑，有没有国际性呢？当然是存在的。凡是一个民族的环境文化精神落实于尊重自然，追随自然，就会与有机建筑有所契合，即使在形式上仍有相异之处，在精神上却是相通的。这就是莱特认为东方建筑比较接近有机精神的原因。

他们说的东方建筑与葛罗培相同，指的是日本传统建筑。在东方，怀抱着崇尚自然的精神，具体地反映在居住文化之中，而且具有高成熟度的，只有日本。日本文化在 13、14 世纪之后，逐渐受东传佛教禅宗的影响，把中国的自然主义思想，经由日本原生的地方性的诠释，形成颇有特色的建筑，可以与有机思想与现代建筑的地域思想相衔接。

这种建筑特色，在物质的一面，表现为使用当地的材料——木材与砖瓦；适合当地气候的建筑外形与构造方式；与环境相协调的，建筑与园林的适当关系等。这些都使西方大师眼界大开。至于精神的一面：构造的秩序性——榻榻米的尺寸单元化；空间使用的弹性与融通性；乃至内外空间的空灵通透的关系等，都是西方人所为之感动的原因。如果说有机思想受日本建筑的影响，也并不为过。

说穿了，古代的原始建筑就是有机建筑的根源。只是经由文明的发展，人类在改造生存环境方面的进步，加上理性文明的出现，才使有些文明逐渐放弃了原始的有机性，走上古典美学或人间秩序的途径。凡是崇尚自然的民族，把文明的力量与原始的自然主义相融合，发展为一种成熟的文化，都有有机的精神。

东方文化的根源，中国文化如何呢？西方人所知与所崇敬的自然文化是中国的自然主义思想。他们读到了《老子》的译本，佩服得不得了；通过体察中国山水画的艺术观与诗人的生命观，以为中国是崇尚自然的民族，但是他们却无法自实际建筑中看到这种精神的存在。这是怎么回事呢？

因为自然的美妙只存在于中国人的想象中。在现实生活里，道家思想是不存在的。我们是儒家的信徒，是以人间伦理秩序为至善的文化。建筑反映了这种思想，所以我们的建筑是对称的合院，除了大家族有后花园之外，中国的住宅中是少有树木的。自然只存在于诗文之中。这就是真正爱好自然的中国古人都要进入山林，搭茅屋营居，也就是出家或类似出家人了。可是融合了道家思想的禅宗佛教在中国也没有受到应有的尊重。所以在中国，有机思想是被接受的，但真正的生活中却不存在。

六

现代主义是国际主义吗

在谈论现代建筑的地方性时，不能不涉及的一个问题就是现代主义与地方性的关系！而在讨论地方性之前则不能不先探讨一下现代主义的本质，其中一个很深的误解，就是现代主义的国际性。然而现代主义真的就是国际主义的同义词吗？

在讨论这个问题前，我们必须承认，现代建筑的产生背景确实有国际性存在。现代建筑发源于欧洲，我们都知道，它的内在动力是现代科技。

一般认为有了钢铁的技术与钢筋混凝土的发明，才有新建筑的产生。其实这种想法是错误的。

诚然，现代科技催生了现代建筑，但是在现代建筑产生之前，现代科技已经被融入建筑之中了，并没有产生矛盾的问题。大家要知道，科技只相关于建造的问题而已，而建筑是文化整体的呈现，只靠科技的改变是不可能使建筑改变面貌的。试看在19世纪末的巴黎钢铁建筑，包括艾菲尔铁塔在内，哪一座有现代感？哪一座不是用钢铁为材料，呈现石材应有的造型？这就是艾菲尔铁塔要用大圆拱来美化外观的内在原因。

这说明什么呢？说明形式的象征意义的国际性是先科技而存在的。欧洲的18、19世纪，各民族国家已经成形，在国力上互相对抗，在文化上互别苗头，地方精神受到很大的鼓励。但是在各国的民族性之上，有一个共通的力量，就是罗马帝国以来所一直传承下来的古典美学，经过文艺复兴，天主教宗的推动，使欧洲的各民族都毫不犹豫地承袭下来。教宗所在地的罗马与比较早期就强盛的法国巴黎宫廷建筑，很自然地成为全欧洲最高标准，也就是学习的对象，这是欧洲先天的国际主义精神之所在。科技也只能在这样的形式精神下求存。

· 19 世纪末的巴黎钢铁建筑，包括艾菲尔铁塔在内，哪一座有现代感？哪一座不是用钢铁为材料，呈现石材应有的造型？

· 用科学的合理思考代替唯美的形式主义思考，就是现代主义的来临。

真正催生现代建筑的力量来自科技进步，却不是直接来自工程技术，而是工程技术先缓慢地改变了社会组织，改变了欧洲的生活方式，甚至导致传统政治体制的解体，才对建筑的价值观形成根本的转变。而这种改变，在欧洲各国有遍地开花的效果。各国的建筑界，有感于时代大势所趋，由于英雄所见略同，乃互相串联，在边境中相濡以沫，形成团体，才能使国际化成形。

最主要的力量是政治上社会主义的主张。工业革命后的欧洲社会，产生了贫苦的工人阶级与在城市中的贫民窟，因此出现了市民的居住问题。在政治上为工人阶级争取生存权的社会主义思想，是以取得权力为革命的手段；在建筑上，则是一群思想先进的菁英，以新兴科技为手段，为社会大众建造可以居住的房屋。其实这只是建筑人的一个梦想。为大众建屋要多大的政治力量支持？政治人物又何曾把建筑家的解决都市居住问题梦想放在心上？

政治上的革命在欧洲国家只是提高了国民生存权观念，促成后来国民住宅的政策，并谈不上成功，但是却因此改变了建筑的思维方式，把国际主义的古典形式丢掉，换上科学与技术带来的新气象。用科学的合理思考代替唯美的形式主义思考，就是现代主义的来临，是建筑界崭新的金科玉律。

理性的国际性

科学与技术是新欧洲的精神核心，是具有国际性的。这一点没有人可以否认。那么科学的建筑原理，毫无疑问的应该是国际一致支持的了！这就是为什么德国魏玛时期设立的包豪斯，一所建筑学校，有那么重要的原因了。新建筑在欧洲各地产生，其理念呼之欲出，但仍然唤不出声，因为没有共通的语言。这时候最重要的是一群人为这个新运动找出理论与基础，大声喊出，形成一种信仰，一种力量，影响整个社会，甚至全世界，完全跨越国界。

这个大声喊出的观念就是合理主义。科学的思想告诉我们，一切事务都有产生的逻辑，任何现象都有背后的道理。建筑何尝不然？只是传统的形式所构成的意识形态束缚了我们的思维，使我们忘记了逻辑的存在。我们终于觉悟了，必须回到原点，从头开始。

在第一个层面，这群同心合力的国际建筑学会的会员们，想到要实现理想，先要解决新时代的都市问题，把都市发展合理化。都市是供居民们使用的空间，不是政治家们用来摆派头的，当然也不应该是土地投机家们炒作的工具。他们主张都市机能的合理思考，因而提出了今天我们知道的都市规划之学，及都市规划的制度。只是在 30 年代，这些先辈们把都市现象看得太简单了。把一个城市当一个住宅一样去分析，以为不过是供居住、工作、交通、娱乐之用，然后安排足够的绿地，使每家都有空气、阳光就可以了。他们的想法有些幼稚，后来只有苏俄与东德这样的专制国家才用得到。因此整个说来，民主国家的都市发展到今天仍然有理不清的问题。

第二个层面，是建筑合理主义的核心，即建筑物的形式是来自其用途。自古罗马时代，建筑家即明白“适用”是重要的条件。在 20 世纪初，美国的建筑界即有“形式从属机能”之说，这句话传到欧洲，就成为现代建筑的精神指导。所以自现代建筑以来，建筑师进行设计工作，先要研究其功能，自功能来分析其对空间的需要，各部分的相对关系，然后才为这功能建构一个空间。自此以后，合理建筑的思考就不再从形式着眼了。

建筑的功能主义，就是把建筑当成一部居住机器，在精神上与科学一样是置之四海而皆准的。

第三个层面，是现代建筑最理想但也是最没有共识的一面，即建筑物应以其结构与材料为形式的要件。在古罗马时代，已经知道建筑是一种工程，一座宏伟的建筑，最重要的是安全。到了现代，也是因为材料与技术的改变，使建筑的形式不可能再依附以往的原则，一味地敷衍下去。新时代的精神，原本就应该由当代的技术精神，不再把钢铁埋在砖石里，所以就从新科技中找到了表现的依据，并推演出形式的理论来。

但是无可讳言的，结构技术、功能与形式三者之间，是否有必然的关系，在现代主义的信徒中也未必有统一的意见。特别是技术与形式之间的关系，尤其有不同的观点。一种看法似乎认为科技的精神表现在功能的满足上，科技为此一目标的圆满达成提供技术支持。这是早期现代主义的信仰，很显然，他们认为是不需要讨论的。然而另一种观点则认为，结构技术与营造工程就是形式表现的基础，所以三者之间是有机的关系，是现代建筑精神最突出的表征。这是较后期的现代主义者的信仰。

综而言之，现代建筑的国际性可简化为以下三点：

一、合理的都市规划；

二、形式从属于功能；

三、结构与构造精神。

这三点都是来自科技发展带来的理性精神。可是它们真的毫无疑问地走上国际主义的路线吗？

理性的非国际性

为什么现代建筑的信徒们总以为现代精神与国际主义相通呢？当然是以科学的国际性为立论基础。科学的背后是理性主义的精神，但理性与科学是否相等呢？仔细思考，其中是有分别的。科学是理性文明的重要成果，但理性文明中却不只有科学。在西方，科学最昌明的国家，仍然有宗教存在，即可说明此一差异所在。为什么有宗教革命，产生了新教呢？可知理性的精神，在纯物质科学的研究之外，也呈现在人文现象之中。实验科学是由实证求得的，故置之四海而皆准，但人文现象中，理性的作用何在呢？它也有客观性吗？是值得我们思考的。

我向来认为，理性判断的逻辑是国际性的，但在人文现象中，理性判断只能基于常识。常识的英文是 Common Sense，意思是大家共有的知觉，是没有办法用实验证明的。不用多想就知道，常识的共通性受到很多限制。我们作常识判断的时候，很希望是所有人类都可以接受，但是时空背景的差异，使不同的人群有不同的知觉反应，甚至有相反的认知判断。

所以涉及于常识层面的理性判断，它的适用性就受到判断者个人的知识范畴，与其社会、文化背景的影响。在理性的建筑运作中，即使是功能主义的信徒，也无法把建筑的功能用准确科学来描述。所以建筑中只有少数最基本的东西是真正有人类共识的，其他则少不了个人与地方性。以住宅为例，如果在地球相距遥远的两个点，出现几乎相同的住宅，可以推想必然是强势文化影响的结果，也就是生活方式的国际化，促成了建筑功能的一致化。

这就是全世界都市与建筑逐渐趋于一致的根本原因。建筑的国际化并不是因为理性造成的，而是因为西方文化的广布所造成的。这就是现代化与西化的分别所在。如果是单纯的现代化，也就是理性的、科学的、进步的文明取代了传统的、因袭的、保守的文化，其所推演出的各地建筑外貌，可能是南辕北辙，完全不同的。

说到这里我必须指出，今天一些年轻的朋友以为现代建筑运动的导师都是国际主义者的想法是错误的。据我的了解，以葛罗培为宗师的包豪斯的建筑思想，后来传播到哈佛大学的，并没有国际主义的意涵。葛罗培先生曾不止一次夸奖日本建筑的成就，因为它合乎现代建筑的原则。贝聿铭是葛罗培的学生，当葛接受中国的委托，设计大学校园时，即交由贝执行，而嘱咐必须在现代建筑中呈现中国的文化特色，东海大学校园就是在这样的理念下所规划出来的。这可以说明现代建筑的合理主义，在本质上与国际主义是相反的。西方的学院派才是国际主义的代表。

具体地说，现代主义的精神非常注重科学。在建筑的功能中有一个实质的需要就是适当的日照与通风，这是最基本的，维护人类健康舒适的条件。怎样才能达到良好的日照与通风的要求？就用得上现代科学了。因为日照等条件与地理位置有关，要精确达到理想的目标，每个不同的纬度与气候条件，都要有不同的设计，以因应其特殊性。也就是说，其建筑空间的配置与外观，会因地点不同而有差异。因此，建筑设计的科学化，认真想来，必然产生建筑形式的地域化。

那么这种现代建筑的地域精神怎么会消失了呢？

具有科学思想的艺术

在我念建筑的时候，建筑系的设计课尚缺少坚定的理性精神，仍受学院派教育残余的影响，但是科学性课程已经进来了，比如成大建筑系就有一个学分的日照学。坦白地说，我没有学到什么，只是知道住宅的各个房间应有每日几小时的日照时间，知道建筑开窗的朝向与全年每日日照的关系，知道都市中建筑的阴影造成的日照权争议。知道这些都要算出来才好。后来我去美留学，在普林斯顿大学的时候，认识了专教日照学的教授 Olgay 先生，他常对我抱怨这样重要的学科，建筑学院居然不重视。我并没有选他的课，也没有请他指导论文。他以友人待我，还求我写了几个大字挂在家里。这种专家的寂寞怎么产生的呢？

当时我就安慰他，他被冷落是因为他的专业太难了，现代建筑虽然有科学的精神为后盾，但在实际运作上却不是科学，而是艺术，这是根本问题。当现代建筑来临的时候，真正以科学精神看建筑的国家，是日耳曼文化圈。德国及其周遭的国家都重视科学与技术，因此领先世界。包豪斯出生于德国，建筑被视为一种工程，在大学体系中，设立在工学院，也是始自德国。但是在这个文化圈之外，建筑还是艺术。在传统上以法国为精神领导者的地区，现代建筑所追求的不是建筑的科学，是具有科学思想的艺术观。所以在现代大师中，最受崇拜的是兼有艺术家身份的柯布西耶。我在普林斯顿大学读书的时候，建筑系是由柯氏的学生拉巴图特（Jean Labatut）所领导的，建筑的科学就被丢在一边了。

国际建筑的产生

老实说，建筑的精准的科技，在建筑文化中受不到很大的重视，是因为建筑是人文现象，没有人计较精准的细节。谁去关心太阳几时几分照到床头呢？所以科技领军的建筑教育到“二战”后逐渐变质了。建筑系即使设在工学院，也被视为应用艺术，以形式与空间的创造为重了。这才是回到国际主义精神的根本原因。

包豪斯后期的主持人，是后来国际知名的大师，荷兰人密斯·凡·德·罗。这位先生有两种特质，在建筑美学上，他是严格的古典主义者，认为只要古希腊的庙宇形式就够我们受用了。另一方面，他认为建筑的造型就是结构的逻辑产物，因此有了合理的结构系统，就够我们琢磨一辈子。把这两种态度结合在一起，产生了真正的国际主义的建筑。古希腊的柱梁架构加上现代的钢骨与玻璃，就形成他所说的，建筑的“终极形式”（ultimate form）。他认为，自此以后，建筑只在这上面努力就足够了。

这位先生后来逃到美国，在芝加哥的伊利诺伊理工学院（IIT）

· 密斯产生了真正的国际主义的建筑，建筑的“终极形式”。

当建筑系主任，就把这套理论及其教学方法在美国落地生根。他在这么一个小圈子里教出来的学生，散播这种新形式的学院思想，居然影响到全美国，实在是令人匪夷所思。所以在战后的后期现代主义阶段，无处不是钢骨玻璃的形式哲学。建筑界的年轻一代几乎把他尊为神人。

在我读哈佛的同班同学中，有一位是他的学生，为了慕哈佛之名来读研究所。在设计课堂上，我看到他完全无法挣脱新形式主义的束缚，对于哈佛合理主义的建筑教学完全无法适应。我是一个来自战后地区的学生，以为是来进步的美国取经，学习先进的建筑设计的方法；但是看到这位同学感受到的痛苦，我才知道原来所谓现代建筑在观念上与方法上有那么大的差别！是非又在哪里呢？

自此我知道，现代建筑并没有置之四海而皆准的道理。哈佛的声名遍天下，但在当时，建筑学院因没有标志性的作品为号召，声望已大不如前，到后来更是一蹶不振。IIT 的力量却日正中天。这是什么道理呢？

建筑的判断，即使是理性判断，也要看时代性。“二战”以后，美国所领导的西方世界，正进到都市化的建设，高层建筑与钢骨架构是正确的时代象征。恰好这类的建筑符合高贵的西方古典美学的原则。美学的素养，加上相对单纯的结构工学，似乎是理想的结合，也是建筑教育比较容易掌握的，传统的学习领域。

丢掉繁复的环境相关因素的考虑对建筑师是一大解脱！这种“终极形式”可以不考虑坐落的地点，不考虑坐向，长方形的四边一致。气候问题怎么解决呢？新时代的科技可以解决这些问题。温度的控制，光线的需要，通风与换气，都有新的电动技术来解决。后期现代的建筑师，实际上是打着新建筑的理性旗帜反理性的尖兵！

结语：国际主义不等于现代建筑精神

我在本文中追忆现代建筑的简短的过去，是在指明现代精神上并没有国际主义的价值存在。国际主义并不是合理主义促生的。完全相反，合理主义在建筑上只会促生地域性。而国际主义则是因现代生活方式与思想观念的国际化连带地传播开来的，因此是非常工具性的，并没有文化的基础。我们不要以为反对国际主义，就是反抗现代建筑，就必须抛弃现代建筑的思维方法。

七

回归乡土

我们所说的传统建筑是什么呢？因为在大学的课堂上讲的是中国建筑史，是梁思成的《清式营造则例》；做学生的想到传统，自然是以北京为中心的大中国传统。

在台湾，我们也是这样教的，因为学院的建筑教学都走同一条路：学习具有代表性的建筑传统。想想看，当年美国的大学建筑系为什么教法国学院派的课程？法国为什么要教古希腊、罗马的建筑呢？因为那个时代相信，建筑必须自最典范性的传统学习。只有古代文化的正统，代表高贵而又典雅的传统，才是应该学习的。

建筑家要传承最精彩的文化遗产，其中当然不包括当地的乡俗文化。

可是现代建筑兴起的20世纪，在正统之外的建筑开始受到重视。这是因为理性的建筑思考，知道所产生建筑传统的条件，来自地理环境与文化背景。不同的条件创生了不同的建筑样貌，在本质上是平等的，不应该有高下之分。只要是健全发展的文明地区，其建筑都应该被视为有同等的价值，而予以研究与欣赏。这就是现代建筑后期盛行的地域主义的立论所在。

正统建筑与民间建筑

在此我必须说明，学院派的正统建筑也有它存在的理由的。在任何一个文明中，其建造的艺术多半集中在公共建筑上。古代的宗教领导全民生活，因此以宗教建筑为瞩目的焦点是理所当然的。

那个时代，建筑的工作者大多是为正统体制下的有力人士服务，所设计的建筑若非教堂就是宫殿或贵族的宅第。即使是供民众使用的

· 那个时代相信，建筑必须自最典范性的传统学习。图为法国大皇宫。

建筑，也是在统治者主导之下的建设活动。在此情形下，建筑师为了达成任务，当然要学习正统的建筑语言。广大的民间建筑，也就是最切合地方生活需要的建筑，不是建筑师的工作，而是民间匠师的产物。

如果没有现代建筑的革命，没有民主主义的精神为后盾，这些民间为了居住自然产生的建筑是不可能受到注意，而且被肯定的。

地方建筑之美，首先被注意到，是自市镇之美开始。欧洲的市镇，自中古后期到 19 世纪，发展为各有特色的居住环境。18、19 世纪艺术的浪漫主义风潮，使艺术家张开眼睛看到自然景色与市镇景致之美。到了 20 世纪，这种浪漫的情思转变为建筑理性的分析与判断，乃有城市美化的观念，从而衍生出都市之学。建筑家为了认识市镇形式与空间之构成，很容易把观点转移到地方建筑特色的研究与地方建筑美感的赏析。

· 18、19 世纪艺术的浪漫主义风潮，使艺术家张开眼睛看到自然景色与市镇景致之美。图为德国“罗曼蒂克大道”上的市镇建筑。

由于这种注意力的转换，地中海的民间建筑忽然成为建筑界的宠儿，并发现沿海与岛屿上的市镇风光，在视觉美感上的吸引力远超过正统建筑的古典庙宇。到今天，地中海的观光客，十之八九是为这些美丽的市镇而来，古典庙宇反而成为点缀。

我们不妨说，建筑界终于找到真正的、建筑传统的主轴：广大民众所创造出来的传统。因为只有地方民间的传统才有如此丰富的宝藏，而且富于变化，又因地之异而各有特色。其丰富性，即使数里之隔都可能别有风貌，几乎是取之不竭的资源。

所以自上世纪中叶以来，建筑界就有一些人把兴趣转移到地方风土建筑上，使我们发现原来江南水乡，徽州村落，在建筑美感与情趣上的成就远超过北方的皇宫大院。各国在地方建筑传统的研究上开拓了广大的空间。

感情的面向

地方风土建筑的兴趣有另一个向度，是超乎建筑的，乃乡土之爱。建筑师对地方建筑的投注是超然的，如同观光客遇到前所未见的美景，印象深刻，但是以第三者的身份去注视与欣赏。这种态度是客观的，可以学者的立场从事调查与研究，但也因外乡人的身份，很难感受到深刻的情分。对于建筑界以外的人，情形就完全不同了。首先介入的非建筑人是画家。

画家是以敏感的心灵去感受世界的。

我最早与台湾地方建筑相遇，很难以置信的，虽在成大建筑系，却不是在建筑的课堂里，而是在美术课上，郭柏川先生的油画课。郭

· 传统建筑木刻有狮子、麒麟，有花鸟、仙人。

先生教油画，开始时要学生画的静物，是自储藏室里搬出来的一些木头。原来很久以来台湾就拆古庙、古厝盖新屋了。老屋拆掉时，郭先生就去捡一些建筑上的木刻，有粗有细，有大有小，但都是鲜亮的色彩画出来的。主题有龙有凤，有狮子有麒麟，有花鸟、仙人。他要我们画这些木刻，先说一段理论。

他说中国人的色彩感与西洋是不同的。西方人以写实为主，所以喜欢用中间色，但国人在建筑彩绘上表现的，是我们对原色的喜爱，所以画油画而有传统的感觉，要学着使用原色，而学习使用原色之道，是自画建筑木刻画开始。当然，要画在宣纸上。

画了一阵子木刻，熟悉使用油料，一学期后，就到校外写生，画的是古建筑。赤崁楼与孔庙成为当然的标的。他教我们如何在纸上用

· 江南水乡，徽州村落，在建筑美感与情趣上的成就远超过北方的皇宫大院。

油料快笔抓住建筑的神韵，并且尽量用原色来画，即使是阴影也尝试不要用灰暗的颜色。由于他的教导，我才发现在国人的眼中看不到阴影，看到的只是深一点或浅一点的原色而已。

在日据时期到日本留学的资深画家们，虽未必有郭先生这样深刻的中国式色感的体会，却都是以画风景为主的。由于到处取景，市街建筑就成为常常取景的对象。他们都是有感情的，并搞不清楚建筑的价值与意义，却自生活中感受到地方风貌亲切的情愫。不只是这些本土画家，即使是来自大陆的画家，如席德进，在台湾住了一阵子，到处画画，就对台湾的美丽山川，朴质的农村产生了感情，久而久之，几乎是自己的故乡了。后来他竟成为台湾古建筑保存的斗士之一呢。

· 台南的大天后宫

画家之外就是文学家。他们的乡土感情是不言而喻的，而且启动得很早。在上世纪六七十年代的台湾，在政府所主导的"反共文学"之外，文学家寻找真实的感情，就找到乡土了，而且隐隐地形成一种力量，影响台湾的文化界。当然了，他们对建筑没有太大的影响，因为文学用文字表现，说的是民间的故事，缺少具体的形象。对于建筑这种视觉艺术的感情，是不易表达出来的。但是不能否认他们所形成的一股精神力量。

萌生爱乡之情

我是一个来自外省的孩子，在军眷区长大，对于台湾的乡土一无所知。

在成大读书时住校，到了周末无家可归，无法打发时间，就在同班同学林华英的引导下，到处走走，看看台南的大街小巷及一些名胜古迹。过不了多久我就爱上它们了。特别使我感到兴趣的，是台湾民间的老房子使用红砖、红瓦。墙壁用泥砖砌成，外面贴红砖片，就是所谓的斗子砌，表面的图案非常简单而有美感。后来我知道斗子砌是中国广大南方所使用的砌墙法，只是除了闽南地区外，多使用灰砖，所以缺少温暖的感觉。

在庶民居住环境外，我们当然也看了一些寺庙，觉得在建筑的色彩与装饰上，也胜过北方宫殿多多。在课堂上所学的中国建筑是根据规范来的，自建筑的制度，到工法的细致处，都必须合乎法度，一板一眼，非常公式化。这是配合皇家的典章制度所建立起来的，今天要援用，必然非常刻板，却又有不宜改动的困扰。即使自由运用其语汇，也很容易失掉形式的逻辑。卢毓骏先生的文化大学校舍就算不上成功，可知北方制度活用的困难。

民间传统建筑的特色是承袭了传统制度与工法，匠师们却仍保有创造的空间。这也许是传统承袭不够严格，工匠传习不够严谨所造成的。但是这样的民间传统却正是最理想的情况，可以一方面信守大的原则与基本的规范，同时也允许有创造力与想象力的工匠自由发挥。

这种自由表达的精神最早是表达在彩画上，因为彩画的匠师，艺文的水准最高。他们在寺庙重要梁柱的位置，画了古来传说的故事，有时候加上诗文说明。后来进一步表达在构造上，也就是在架构设计上添加上自己的意见。以鹿港龙山寺为例，也许是因为没有学会前辈的工法，也许因为有意地别出心裁，出现了多处前所未有的做法。

这些因素使民间的建筑特别有地方的风味，而且有一股乡土的情感附着在上面。也是因此才使热心的建筑工作者每到一处古老的乡村，就有流连忘返的感觉。

古迹保存与现代建筑

这样的乡土感情在建筑界产生了怎样的力量呢？我自美国回来后所看到的情形，是古迹保存情感的增长。一个学建筑、从事建筑设计的人，面对这样的情况该如何自处呢？身处现代社会，面对现代化的国际潮流，我们会毫不犹豫地丢弃抽象的中国正统建筑原则，可是我们可以弃乡土建筑于不顾吗？牵连到感情，问题就复杂化了。

我在去美国前就开始提倡古建筑的研究，回来后，台湾的乡土感情成熟，先后受委托从事台北林家花园与鹿港龙山寺的调查研究。我必须面对如何在我的建筑事业中调和现代与传统的新问题。我思考良久，决定采取现实主义的途径，就是一方面积极投入古迹的研究与维护工作，一方面以完全现代的立场来构思新建筑的设计。因为我想不通以怎样的立场来结合两者。不但如此，完全没有社会的、政治的、学术的压力或推力要求我结合现代建筑与台湾乡土建筑。这与面对大中国传统是完全不同的。即使迟至70年代，我公开表示把传统的维护与现代的设计分开时，当时的建筑界龙头沈祖海先生即表示不妥。他认为结合传统与现代是我们的责任。当然，他心目中的传统指的是大中国传统。

我认真地执行传统与现代分途的建筑观大约十几年。一方面我完成了林家花园与龙山寺的调查研究，又在维护的实务上完成屏东孔庙、彰化孔庙之调查与修护，积极参与鹿港古市街之研究与维护。另方面，在“救国团”支持下，我在中部设计了几座青年活动中心与学苑、山庄类的建筑，完全走后期现代的几何美学的路线。可是

· 修复后的彰化孔庙大成殿（©mingwang）

· 彰化文化中心的设计，使我坚持的变轨理论开始瓦解。

到了 80 年代，一个关键性的建筑——彰化文化中心的设计使我坚持的双轨理论开始瓦解。

我很感谢彰化的吴县长把文化中心交予我设计。

那是一座现代建筑，其中为图书馆与讲堂，可是在初步的几何美学设计完成的时候，我觉得文化中心多少要与地方文化有些视觉关联。特别是在修复了彰化孔庙之后，经过思考，我决定以最简单又最显著的方法，尝试与传统接触，在建筑物的表面以斗子砌红砖予以包被。

在当时，台湾的施工技术无法做好清水混凝土面，原本就要粉饰，通常是用日式洗石子来美化墙面。我换上红砖贴面，在造价上也相

· 藻井，鹿港龙山寺。

· 垦丁活动中心，一座闽南式村落。

当，却有一新耳目之感。工作完成后，我体会到乡土材料的感情价值，觉得我在古迹修复时学习到的乡土语言，是可以有条件地与现代建筑相结合。

在此之前，对于传统建筑，我只做到研究保存工作，不介入新古建的设计。但约在同时，“救国团”的潘主任把屏东的垦丁活动中心交给我，希望建成一座闽南式村落，供青年学生体会传统，启发乡土之爱。我在投入垦丁活动中心的设计时，自复制传统建筑的心情，到利用传统的语言创造新的空间经验，使我基本上接受了随我的感受利用传统语汇的观念。

在此活动中心里，除了大小合院为传统制式居住单元设计外，并复制了板桥林家的弼益馆与道东书院为图书馆与接待室，使我感觉传统空间可以很舒服地与现代生活相结合。在这里，有两栋主要的建筑——管理中心与餐厅，规模比较大，功能比较新，无法容纳在标准的传统建筑中，只好利用传统语汇设计成全新的形式。这一步使我尝试复古的建筑形式。大胆地抛弃现代西方语言，用台湾的闽南式语言来建造现代功能的建筑，如同30年代大陆的建筑师利用正统中国建筑语言的方式是完全一样的。我把鹿港龙山寺的藻井都搬过来了。

经过这样的心理历程，我可以完全了解建筑史上形式恢复主义的运动为什么受到欢迎。这不是纯粹的古代权威形式抄袭的问题，而是空间经验在感情上的传承。

我们上代的生活环境，也就是我们在成长期间所无形中吸收的环境经验，是有感情价值的。

当时代迅速转变，先代的生活环境随着生活方式改变时，空间的记忆会使我们产生思乡的情绪。有些改革主义者会认为这种感情是颓废的，阻碍进步，但这却是人生中的现实。没有这些记忆，不能延续这种经验，是人生中的悲剧之一。建筑师没有权利利用专业的、时代精神的理论，使我们断绝这种感情上的需要。相反的，应该以各种合理的方式，把传统的空间语汇结合在现代建筑之中。这就是折衷主义的真精神。

新折衷主义

稍晚，《联合报》的王惕吾先生邀我在竹北山区设计员工休闲中心。这是一个苏州园林式的设计，如何利用台湾本土的建筑语汇来表达呢？我修复过板桥的林家花园，建筑的规模很难供现代的需要，加上王董事长的江南记忆，采江南园林的山水观是合理的，但把它设计成台湾的园林，则非借助地方建筑语言不可。没有想到，南园完成时对外开放后，很多人认为这样的结合是理所应当的。

我忽然体会到人文主义的建筑观，重点在人性需求的满足，而不是建筑理论的问题。

约在同时，我开始谈大众的建筑观，高举“大乘”的旗帜。我主张建筑师在美感的任务外，应该为众人的感情需求服务。“大乘”的建筑观在两岸得到了些回响。

顺着这个路线，我摆脱个人风格，尝试在现代的功能与空间美学上以台湾乡土语汇表现之。我承认，建筑界的朋友们对我敬而远之，我的想法并没有为建筑界接受，甚至也没有学生跟我的路线向前走。我希望走入大众，却成为一个独行者。

· 江南园林的山水观是合理的，但把它设计成台湾的园林，则非借助地方建筑语言不可。图为南园。

活用传统语汇

在这段时间，我完成了两个折衷主义的建筑，一是台北中研院的民族学研究所，一是澎湖的第二青年活动中心。中研院民族所的两位朋友，文崇一与李亦园，都觉得民族学研究所应该有台湾本土的特色。他们以这个理由委托我，也以这个条件要求我。这是我第一次完全面对现代功能与传统语汇结合的问题。垦丁与南园是在传统形式的掩护下所尝试的初步结合，大家所期待的是古老的形式，但是对于民族所，大家所期待的是现代的建筑。

开始思索现代与传统语汇时，先从空间着手。民族所可不可能是一个台湾传统的四合院呢？很快就知道这是行不通的。利用传统的空间组合，就会回到传统形式架构中，如同东海大学的校园了。我们必须把这条路堵掉，不再想合院、对称等空间因素。要回到村落，如同走进古老街巷一样，看到的是传统语汇的自然组合，而不是如同一个

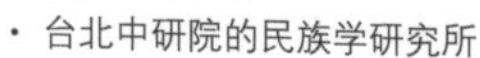

· 台北中研院的民族学研究所

· 澎湖的第二青年活动中心

家庭一般的功能空间。这样一来，带有感情的传统语汇就可以与现代功能做自由的理性结合了。

方法是先完成理性的设计。考虑民族所的需求，决定建为三层楼房。第一层为大厅、展示室与行政空间，第二层为办公室与研究室及会议室，大厅挑空。第三层为研究室与户外平台。这种功能分配，经过有意的造型操作，变成一个富于变化的雕刻体。至此，仍然是现代的。

使用传统语汇，首先是外墙的装修，使用白粉壁与红色的斗子砌的灵活的组合。屋顶必然是传统的红色斜顶，在三楼做成街巷式的组合。前面的会议室则以半圆形，构成视觉焦点。顶楼的阳台则利用园林的围墙，使传统语汇更为突出地表现出来。

约略在同时，我设计了澎湖的第二座青年活动中心。此前不久我完成了金龙头的活动中心，外观以红砖砌成，造型趣味浓厚，可惜被海军收回，却使我得到再次委托。这次我决定使用新折衷主义的手法，把传统村落的错落感与亲切感运用到学生活动空间上。在海风时时侵袭的马公，我放弃了闽南的红方砖砌面，改用在澎湖用来砌屋的咾咕石做下部的墙壁，与地方的乡土感具体连结。

· 金龙头的活动中心，外观以红砖砌成，造型趣味浓厚。

这样的建筑有诗情画意的特色。对于学院派的建筑界，这有些通俗，已经在理论探讨之外了。我很清楚年轻一代的想法，但我忠于自己的感受，至于后人如何评论就不是我所能虑及的了。

八

建筑的这一代

转眼间，几十年过去了，我的时代渐渐消失。新一代的建筑师对乡土建筑的看法已经完全不同了。时代背景的转换是一个很难逆转的力量。

前文说过，对于建筑的现代化，我为什么一直放不下传统的因子？因为我成长在传统社会中，虽然社会正在转变。我接触到的现代建筑，只是一个观念，只是书本上谈到的东西，是天方夜谭，与现实生活相去甚远。然后我又在成长的阶段，出没于台南的街巷，使我与地方风貌产生了感情。

我可以想象得到，为什么民国以后的建筑师，若不是为租界服务，一定也为建筑现代与传统形式之结合而努力。想想看，他们成长在满眼是宫殿的北京，或江南城镇的河边，对建筑环境的感情，当然是传统的。他们怎么可能完全照抄西方古典建筑呢？

这样去推算，五十岁的建筑师，出生于上世纪60年代，成长于70年代，他们大部分在已经快速发展的城市中长大，读书的学校应该都是现代的建筑，住家可能是国民住宅或眷舍。他们看到的是汽车、机车拥挤的街道，只有在特殊的场合，会到庙里走走。台湾的传统建筑已经与他们不相干了，实在没有任何理由对传统建筑语汇产生任何感情。

他们这一代所热衷保存的，是仍然属于他们生活一部分的，日据时期建设的市街与公共建筑。即使是日式的居住建筑，也曾是很多人于战后居住过的地方，应该也是有深厚感情的。他们的上一代如林衡道先生，对日本人的建设怀有敌意，这是他们难以想象的。

本土建筑文化脉络

当他们逐渐成熟的时候，台湾经济在艰困中起飞了，到外国留

· 台大医院，是一百年前日据时期的建筑。

学已经不是很大的问题。短期出国目的在于回台服务，他们已经不会如同上一代，出国就是离开贫穷与落后，到黄金之国落户，做侨民或在异邦成名立万。他们已经知道，在快速发展的台湾，建筑师的机会较多，自落后的社会向上发展，环境建设是第一步，建筑师负有改造居住环境的任务。建筑，是发展中国家工程建设的第一步。他们是时代的尖兵。

他们出国留学，学到的已不是现代主义的理性哲学。美国的建筑已进入紊乱而尊重生命的后现代。建筑思想的中心已从当年的哈佛与美东，转移到洛杉矶与美西。一种新形式主义开始成长，追求生命意义的形式观，可勉强称之为象征主义。传统的意识在这样的思想架构中片面地呈现。

后现代的思维中，不要现代，因为现代是贵族的，理性的，不适合感性的平民大众。大众要记忆，而记忆中有很多过去的痕迹，因此与传统的建筑环境很难脱离关系，只是回忆中的传统是片段的，不是建筑史上的传统，因此没有学术的严整性。我在上节中交代的后期作品，如民族学研究所，被一些年轻学者视为后现代的作品，是基于此一原因。所不同的是，我心目中的传统是指台湾正统的闽南建筑。因为是我个人记忆的产物，进而发展为大乘思想。我自己并没有在后现代的思想上下工夫。

违章文化的时代

出身于后现代的这一代，他们回忆中的过去不再是历史，而是昨日，是正在蜕变的昨夜今晨。这样的回忆加在今日建筑的设计中，就难为上一代人如我所理解。我只能说，这一代的建筑是去学院化的建筑。他们所依存的过去是些什么内容呢？

· 这是真正的“有机”建筑，是根据生命的需要与环境的条件，逐渐成长的。

上世纪 70 年代的台湾民间建筑可以泛称为违章文化的时代。中国民间的建筑文化是从农村自然搭建开始的。这种随意搭建的传统是民间求生存必然的产物。在社会动乱、衣食难求的岁月，即使原有的，富裕时代留下来的宅第，年久失修，也会被视为丛林，遭贫民们任意搭建为栖身之所。所以自动乱开始的战后，违章文化就萌芽了。

台湾的违章文化是从大批沿海居民与军眷自大陆撤退来台开始的。除了极少数的高级官吏，这些人来台后是没有接待的，因此无居所可栖身是很自然的。直到 70 年代，台北市尚未开辟的计划道路及公园，都是义民们的搭建蜗居。我在受托测绘林家花园时，里面搭了二百多家违建户。这些人家直到 80 年代政府有了经济力量，可以兴建国宅供他们居住后，才渐渐搬到合法住处。

其实不是只有大陆难民，这段时期恰恰是全世界发展中国家贫民自农村向城市集中，形成贫民窟的时期。所以台湾各大城市的边缘与空地，都是来此求生，希望搭上经济扩展便车的外地民众。这些人确实为城市带来了人力，却形成严重的居住问题。

这时候，不论是政府兴建的国民住宅、眷舍，或民间自行设法建造的居所，其特色是非常狭小，又正遇上孩子多的时期。为了在狭小的居所挤下这些家人，他们自然尽可能地设法搭建违章，向空地扩建。在上层的住户除了利用法定阳台之外，还设法自一切开口，以钢架出跳，争取一二平方米的空间。至于平屋顶，更是充分利用，尽可能用简陋的材料搭建为住室。

这种时代需要，加上在窗上加铁栅外凸的习惯，形成了可观的违章文化。政府无力改善市民的居住环境，也就不加取缔，听任其自然发展，因此创造了一些特别的违章景观，是全世界所仅有的。可惜的是建筑界没有学者对这一部分进行认真的研究，作成完整记录，否则可能发展出违章文化的美学来亦未可知。

一旦形成一种文化，即使生活空间改善了，平均面积自三十平方米扩展到一百平方米，市民们仍然不忘记利用违章的技术，增加一些面积。因此在高级大厦的居住文化出现的台北市，可能是世界上最有活力，也是搭建最自由的城市，被称为最丑陋的城市，以欧美城市为标准，确实当之无愧。转眼间到了 90 年代，台湾经济已经到达顾及居住环境的水准了，开始了近二十年的高楼开发的时代，违章文化终于被抛弃了，今天所能看到的，是等待“都市更新计划”的早期建筑群，违章的热情逐渐消退了。

以宜兰厝为例

台湾建筑新地域特色之形成，最集中的地区是宜兰。上世纪 90 年代初，游锡堃县长很重视文化，对于宜兰当地的建筑风格非常有兴趣，所以鼓励建筑界与当地业主合作，进行新地方风格的创造。90 年代正是台湾经济快速起飞的阶段，各地的农村开始改变生活方式，农具改为机械，交通工具也机动化，居住建筑自然也放弃传统的合院，改采西式楼房。在短短十几年间，台湾各地的传统农舍都已消失，自然景观因而大幅改变。我每搭火车往来南北之间，发现台湾已彻底西化。站立在农田中的居住建筑，并没有学院派现代建筑的高标准，但农民的生活需求已经都市化却很明显地表示出来。这时候，各地尚存在的“古厝”，大概只有希望以古迹维护的方式来保存了。

·“宜兰厝”是一个很困难又复杂的建筑课题。

（上图由建筑师谢英俊提供，下图由大藏建筑事务所提供）

我是热爱传统农村景致的人，自然对这样的发展感到非常遗憾。可是这种时代的转变对台湾的大众来说是兴奋的：我们终于脱离贫穷，尝试过富裕的现代生活。居住建筑跟着西化几乎是无可避免的。大家都很庆幸我们终于在生活上迎头赶上西方了。但是经济生活的进步真的必须丢弃传统建筑的语言吗？是不是应该从头考虑现代建筑的理性与传统农舍的感性相结合呢？

就在这个时候我听到“宜兰厝”的消息，对游县长提出的呼吁非常高兴。我猜测他的心意，应该是新乡土建筑的复兴运动。可是我知道这是一个很困难又复杂的建筑课题，要经过相当的学术性研讨才能掌握它的方向。当然了，作为一种政治性的号召，哪有时间等那么久呢？不久后就听说第一座宜兰厝已经出现了。我稍微有点失望，因为急就章是不可能产生成熟的乡土形式的。

困难又复杂的建筑课题

在我看来，这个课题至少要解答以下的几个问题。

第一，“宜兰厝”是一个专有名词还是普通名词？如果是专有名词，就如同我们说“闽南式”，有一明显的空间、形式甚至材质上的特色，万变不离其宗。如果是普通名词，那只是建在宜兰的住宅而已，应该只是适合于宜兰的或在品质上特别值得骄傲的建筑，并没有显著的特色。如果是前者，表示确实有建立新乡土风格的企图，但却不是年轻建筑师所希望的。如果是后者，就纯然是政治性的口号了。究竟是哪一个呢？

第二，如果是前者，就要先弄清楚何为宜兰乡土形式。我们一般把全台湾的传统建筑，包括闽南漳泉两地的建筑、闽西的客家建筑等概括在一起，视为台湾的乡土。宜兰在山后，它的乡土是不是台湾乡土的一部分？要分开又要如何分开呢？建筑界有足够的研究可以确定宜兰有异于台湾的乡土成分吗？那是什么呢？

第三，如果是后者，宜兰的主政者是否想建立一个具有地方符号的现代形式呢？为了要有别于台湾的其他县市，如果只是自现代建筑的环境与功能思考，似乎不可能有乡土的象征符号产生，也就不可能有政治上的号召力。他们究竟有没有建立地方象征的用心呢？

由于对这几个问题没有答案，也就必然沦为口号了。年轻建筑师们为了响应县政府的号召，就拟定了十来项准则，希望大家共襄盛举。建筑师当然希望这些原则不会限制他们设计的自由。所以不用猜测就知道只是一般建筑设计者所遵循的现代原则。在这些原则中只有一项是关乎形式，那就是斜屋顶的规定。其实在功能上这是没有必要的，说明了拟定原则的人仍存有一点乡土的用心。如果把“宜兰厝”改称为“彰化厝”、“台南厝”，这些原则都可以用得上而不必有所修改。因此我觉得“宜兰厝”的推动，在年轻建筑师的手里，完全失掉了乡土传统的原味。

我自有限的网络资料中发现，宜兰厝的初期作品出现过闽南式语汇，自照片上看，并不成熟，可能是一种尝试吧！后来就看不到了。可能是完全放弃了传统乡土的路线，改采现代地域主义路线。他们是否在乎感性的乡土呢？似乎是的，只是观察角度不同而已。

新乡土主义

我看他们的乡土路线，是来自我们前文中讨论的违章文化。这一点很合乎美国的后现代思维。其实他们的建筑观比后现代的大师们更进一步。

后现代的美国建筑，有一些复古的意味，是因为回到生活环境的记忆中，美国的城市是学院派建筑破旧的景象。虽然有些杂凑，但仍然少不了学院派的根基，所以后现代建筑虽高举反叛的大旗，却仍少不了一个核心价值——古典美学。可是在台湾的后现代主义建筑师们所记忆的居住环境，与他们所要延续的乡土环境，不再是古典的，而是现代建筑破旧的景象。

这样的建筑形式有些什么特色呢？他们既没有西方古典建筑的训练，又没有现代建筑美学的素养，自违章文化中推演出的形式观，可以概略地以下面几点来说明。

一、堆积的形式。违章建筑的形式很难以用一个准确的字眼来说明，因为它没有最终形式，也没有形式的原则，只是在可以增添、需要增添的地方长出一个空间。这是真正的"有机"建筑，是根据生命的需要与环境的条件，逐渐成长的，除了违反政府法令，破坏都市环境的统一感外，没有其他问题。其实如果听任一切建筑都自由成长，也可以创造一种很动人的有机环境，具有特殊的统一的美感。在台湾有多处这样的例子。

堆积的形式，其过程是累加式的（additive）。如同树木成长，一枝一叶增加成株，并不是先有固定形式，再逐渐填满。在没有停止前，无法知道最后形态。在成长过程中的形式，予人戏剧的期待。

二、杂凑的材料。违章建筑之生动表现，原因之一是他们不考虑材质的统一与逻辑，而是随手摭拾可用之材料，或依当时请来的工匠之建议，予以增建。在老旧的四、五层市街，各户在阳台加建使用的材料可以看出各户的财力与品味，其差异形成违章立面的变化。看惯了违章立面之生动，很难想象这些建筑建成时的单调无聊。

不但在用材上是杂凑的，在外观形式上也是杂凑的。屋顶可能是斜的或方的，墙壁可能是直的或斜的。或空或实，都看当时的需要。有些大楼墙上出挑的违章是用钢骨支撑，有些是用钢筋水泥，没有任何固定的原则可循。这些条件的自由选择可以想象其花样是多不胜数的。

三、不避脏乱的外观。在贫穷的居住区，建筑的外观是最不受注意的，极少有清扫之举。台湾市街外观不雅，其原因之一是脏。开发中国家由于多初级工业，能源极易产生灰尘，首先是污染空气，其次即自空气中附着建筑表面，使建筑破相。早期的尘埃中有油质，黏着力强，风雨不惧，所以经污染后，即使刷洗亦不易清除，何况经年不洗的一般中下层人家。

由于这个原因，台湾在开发期的新建筑大多预期灰尘侵袭，表面倾向于使用光面的瓷砖贴面，以避免灰尘附着。在那个阶段，欧美流行清水混凝土面，甚至有意做成砂砾外露的质感。台湾则直到 21 世纪，空气品质逐渐改善，才使建筑界敢于采用原质的材料。

但是在偏远的市镇，灰尘与水渍的建筑表面仍然是台湾生活环境的一部分。我们已经习惯了与积尘共处的环境，对于很潇洒的年轻一代，甚至可以接受它的视觉效果，为新乡土风貌的一部分。

结语

根据以上的讨论，这一代的建筑师建构起他们的天地，是上代所不能了解的。在少数文献中，有人认为“宜兰厝”是借用了原住民文化的符号所产生的风土建筑。我不太知道在汉人来此之前的葛玛兰建筑在宜兰保留了多少，也不知道汉人来此后，在建筑中容纳了多少葛玛兰传统。但是我初步了解，在现代化之前的宜兰农村，是竹围农舍组成的，亦即在农田中建合院，四周植以竹林，是非常浪漫的中国南方居住方式，原住民的影响极为有限。

何况自文献中所看到的葛玛兰族建筑，是高脚木架构的茅屋，原始的意味浓厚，要把它符号化是很不容易的。彻底经过汉化之后，即使有少量符号，也无法再引起人们的感情反应或记忆了。所以我认为在今天谈建筑文化，勉强使用已被遗忘的符号是没有意义的。

我也无法确定这一代的主流建筑师的设计的原则是何所依据，因为他们努力创作，未见发表论述，除了强调风土之外，不知他们心中想些什么。其实不只是“宜兰厝”，在台湾各地，认真的建筑师正努力为台湾新世代的生活方式与情感反应建构环境。

他们丢掉了现代建筑的教条，除了在房地产市场上用各种方法，投少数富有者的所好，建造社会地位象征之外，对于一般中产市民，他们提供的居住美学是什么？而在以“宜兰厝”为代表的民间建筑中，我确实看到后现代的影子，反映在新乡土风格之中。

我在他们的作品中看到堆积的美学，看到他们用多样拼凑的丰富感，看到他们对脏乱的容忍度。可是要为新乡土找到理念的核心，建立“台湾建筑”的独特形象，使它可以为我们累积记忆，而且不断地感动我们，还需要大家不断努力。只努力建造还不够，要用头脑思考，建立新的乡土美学。我们不但要自己的风格，更需要有共同的意象，因为建筑的价值是感情的触动。

九

乡愁说的批判

不久前，“空间母语”基金会开了研讨会，讨论建筑的地域主义。在讨论会中，林盛丰与王维仁两位教授都提到法兰普顿（Kenneth Frampton）所提出的“批判性地域主义”的观念，并利用其理论来检视台湾与大陆建筑的现况。

他山之石，可以攻错，这样做确实可以比较深入地探讨当前建筑的问题。我对他的看法略有所知，却很少引用来讨论建筑，年轻朋友不免对我的立场感到好奇。因此我愿就此机会，说明对所谓批判性地域主义的看法。

老实说，我对这位先生的论点并不感兴趣。

我向来认为，一位负责任的建筑评论家，如果只是谈理论，听听就算了，那是他个人的观点，说出来供大家参考。他的论点若有指导大家走出新方向的意图，就要先看他有没有这种背景与经验。法兰普顿并没有建筑实务的经验，不曾面对建筑设计与建造的心理挫折，他的想法只是纸上谈兵而已，不值得过分重视。

故弄玄虚的理论派

这种空间的理论其实只是故弄玄虚。他们以高高在上的理论家姿态，说出话来似乎非常有理,但如认真思考,就感到捉摸不定。不用说别的了，只看他的文章的例题中，使用“抗拒的建筑”（architecture of Resistance）这样的字眼，我就百思不得其解。抗拒什么？是现代建筑吗？是社会大众吗？是政治力量吗？后现代的反美学运动是一个大骗局。

老实说，建筑界不过是服务社会的一个行业，你抗拒美学，剩下来的是什么？这种想法太过自我膨胀。

相形之下，约略同时的詹克斯（Charles Jencks）就是一个建筑人，他就自建筑的工作经验中去思索，找到自己的论述。你也许不同意他的看法，不喜欢他的作品，但他的立论都是实在的。

不着实际的评论者常喜找一个哲学家做后盾。哲学家是以人生为场域的思想家，专业的评论者则是以服务人生的专业为场域的思想家，两者截然不同。哲学家的思想可以作为评论家的参考，以深入地了解专业与人生的关系，但无法成为理论的依据。只有在评论家找不到踏实的立足点时，才会找个哲学家的字眼来充当气球，故弄玄虚。“场所”这个字就是这样被利用。

不管海德格尔心目中的“场所”如何玄奥，借用到建筑上，可以意会为具有独特文化内涵的某一个空间。所以我喜欢把它直接译为“地点”，它可以有人文的与地理的意涵；用为后现代建筑的思维，是为对抗国际主义而出生，也就是说，由于建筑应由地点而产生，已有地域主义的意涵。但是所谓“地点形式之建构”是什么意思呢？玩弄文字游戏而已。

如果“地点形式”真的意味着原住民或土著文化所产生的形式，那么就是具体的传统延续，还谈什么批判呢？如果不是指各地的土著文化，又是指什么呢？让人摸不到头脑。要在各地营造新的建筑，是要创新还是要因袭？如果不是因袭，创新的地方形式又是什么？请你举一个例子，让大家了解。当然最好是有你自己设计的实例来证明“场所形式”的意义。

建筑师跟理论家的差异

法兰普顿玩弄的另外一个词是“构筑的”，英文是 tectonic。建筑构造较常使用的是 construction 这个词，这两词的差别在于后者是指实质的建构，几乎是建筑的同义语，而前者是抽象的组织架构。其义相近，但把实质建构理论化了。

理论家用 tectonic，只是把构造的方法看成观念而已。比如我们说中国建筑的斗栱是一种构造体系，谈到中国式构造就会想到它，如果使用“构筑”，就可以逃避为斗栱系统所绳的困局而放言高论。然而各地方长期演生的构造文化是可以逃避得了的吗？答案是很明显的。

对于一个必须面对实际设计工作的建筑师，我举一个例子就好了。

在保留了传统建筑与纹理的古老市镇中，建造一件新的建筑，要采取什么态度呢？你要我们建造“场所形式”，立刻要面对怎么做的问题。

照理是不能破坏原有的市街纹理与地方式样的和谐。

要不要保持这个和谐？主张让乱与非美的后现代理论家怎么说？如果保有传统的空间与形式，甚至构筑的连续性，是不是会被指摘为落伍的或生硬的怀旧者呢？既保存了场所形式与地方构筑传统而又批判，怎么去批判呢？用现代技术仿造一个传统形式显然不可以，因为不够批判。然而敬爱的大理论家，你能指一条明路吗？

现代国际主义派曾经毫不犹豫地把古老市镇清除。今天的伟大建筑家，如盖里（Frank Gehry），也曾以天赋的权利，不理会在地文化，用新形式来破坏地方文化的宝藏（编按：西班牙毕尔巴鄂古根海姆美术馆即为盖里代表作）。我们同意，他们是不对的，但他们的创新精神却是无可否认的。可是我们还需要这种创新精神吗？

对于必须把建筑盖起来的建筑师，只靠嘴皮是不成的，他要肩负历史的任务。他要在怀旧与创新之间找到适当的交会点，而且他要回答更重要的问题：他在做什么？

从技术到艺术

建筑确实是一种多种感官的造物，但要把它当成触感的艺术，也是夸大其词。建筑是居住空间，人类生存其中，全身被包围着，当然不可避免与身体接触，但与衣食和生活器物比较起来，建筑的触觉感受是很有限的。当然在很多前工业的地区，人民仍以巢、穴营居，生存空间狭小，触感的意义是重要的。但是文明发展之后，居住空间扩大，衣着逐渐考究，建筑的象征意义早已超过其触感价值。在文明社会中，视觉与听觉的美感逐渐提升人类的精神生活品质。事实上，愈是文化水准高的民族，依赖视觉美感的情形愈明显，是无可非议的。

建筑自纯粹的技术，进而为工艺，再进而为艺术，就是视觉美感进步的结果。这个过程中是否把触感放弃了呢？没有。建筑材料的质感（texture）一直是建筑评估的重要因素。质感是什么？就是触感。不是直接用身体去接触建筑材料的感觉，而是通过视觉得到材料触感的效果。这是文明进步而演化而来的。今天我们看到大理石面，一方面会感到纹理清爽的美，也感到一股凉意。这种“凉”，是通过眼睛看到的。我们看见棉花，除是绒绒的白色之外，可以通过目光感到它的柔软与温暖。人类有幸发展了这样的视觉功能，使我们在创造视觉美感的时候，可以有兼及其他感觉的能力。一幅画为什么会引起那么多感动呢？就是因为它是多感官反应的。因此，把建筑当成一种布景是不当的指摘。

严格说来，建筑本来就是一种布景，只是没有布景中的视觉欺骗而已。在西方文明中，至少有一段时间，文艺复兴后期，建筑有些布景的

· 在文艺复兴后期，建筑有些布景的味道。

味道。在佛罗伦萨大街上的几座宫殿，看上去是石砌而成，其实是用灰泥塑成。在罗马的梵蒂冈，圣彼得大教堂的旁边有一个通道，利用透视技法夸张其深度。在建筑史上并没有历史家提出批评，仅仅指出这是空间观念的改变而已。

自文化上看，建筑中的布景意识是视觉艺术化的必然结果。它使得建筑有超乎造型艺术的作用，为人类的精神生活服务，我实在看不出有什么缺点。诚然，这在土著文化中是不存在的，但并不表示土著建筑不可以场景化。任何的空间设计，尤其是近年来盛行的室内设计，都是一种布景。我们可以预期在未来的建筑中，为了营造大家或业主所喜欢的环境，主要的设计意匠会来自布景的观念。布景与建筑景观有何不同呢？

景观意识萌芽

一旦文明进步到有意识地观察建筑的外型，景观的观念就出现了。中国民居建筑以高围墙面对外界，是因为当年没有景观意识，可是围墙所形成的巷弄，原本是不知所在的地方，到今天有了景观意识，就成为民居建筑的美感特色。在欧洲的19世纪，Camilio Site初倡市街之美时，就是景观意识明确化的结果。地域主义建筑观的出现，与民居街巷之美的觉醒不无关系。

有了这样的觉悟，我们到一个地区去旅行，就不会只向著名纪念建筑朝拜，会为某个建筑的景观所吸引。去地中海，不看古希腊神庙，却在岛屿的民居群中陶醉了。

这是很大的进步。我们可以欣赏一个陌生的文化，由民间集群创造的建筑所呈现的景观吸引了我们，感动了我们。我们摄影留念，然而完全不知道、不熟悉这些建筑中的生活，也不懂他们的语言。我们不远千里来欣赏他们的建筑景观之美。这说明了视觉的美感是有国际共识的。当地人的整体性空间经验，反而不如其视觉美具有吸引力。

"景"是人类伟大的文化资产。景观观念的出现与艺术创造只有一念之差。西方出现风景画，也是在景观觉悟之后。艺术家把眼之所见的自然景物，用画笔描绘在画布上，就是视觉的欺骗。把它挂在墙上，造成幻觉，以满足我们对美的需求。

这与透视术、阴影法等出现并被广泛利用，在时代上是约略相当的。自视觉效果看，写景的绘画几乎可以视为一种布景，它们在英文的文意上也很接近。scene，scenography，都包含了这些意思在内。

布景与写景画之间的唯一不同，一是立体的，一是平面的。在我看来，实没有划分的道理。我们把一个美丽的建筑景观画在布上，与使用建材或其他构材，做成立体的景象有何不同？后者是建筑的立面而已！我们之所以怀疑布景式建筑的价值，完全在其原创性。抄袭已有建筑的形式就是布景，如果是新创呢？在基本意义上也是布景，一种新的布景而已！因为它的目的只在吸引我们的眼光，与现代主义的建筑师们所关心的建筑功能与构造的逻辑是不相干的。

然而我们不是集中火力要推翻现代建筑的理性原则吗？布景式建筑有什么不好呢？

我可以了解法兰普顿对现代科技精神的批判。就是因为科技精神才推动了现代建筑革命，才把各国的有些文化积藏破坏，直到今天仍在大力发展高科技的经济。后现代原是抗拒这种经济力量而促生出来的思想。可是我要辩解的是他对所谓怀旧与乡愁等的观点。

我不十分明白何谓怀旧式历史主义。字面上看似乎是因乡愁而保存的传统形式。在新建筑上恢复历史的形貌是为了什么原因呢？一定是因怀古与情绪吗？这是值得讨论的。

古典恢复主义

在建筑史上，文艺复兴是属于历史恢复主义的时代，而且是很坚定的主张。我们能认为他们是怀旧与乡愁吗？完全不是。如果当时的大师是眼泪汪汪的怀乡者，他们应该恢复自幼成长的中古建筑环境才是，因为那是他们的故乡。为什么要发挥考古的精神找到埋在地下上千年的古典建筑加以恢复呢？这样倾心的再造算不算僵化的历史主义？

· 文艺复兴时期的古典建筑

在今天看来，文艺复兴的古典恢复主义与乡愁毫无关系，他们是寻找一种理想，使建筑脱离乡愁，恢复理性。因为他们是找出他们并不熟悉的典范，这个典范是从古文献的研究开始的。当他们知道古罗马有维楚威也斯（Pollio Vitruvius）的建筑论之后，才知道建筑是可以思考的，是有理论可循的，而理论的建立正是人文精神的奠立与发扬。从此才有了近世的建筑理论，一直引申到现代的学院派。

即使到了折衷主义的时代，虽深受现代主义者的攻击已体无完肤，但仍不能否定其中的人文精神。其两大支柱是象征与美感。在脱离宗教的精神束缚后，人类找到自己的精神核心。在古老中国找到的是善，在欧洲找到的是美。

善与美是人类文明尊严之所系，与乡愁无关。至于象征，则与历史有关。

古建筑的造型与已失去的古代宗教信仰脱离关系，转而为纯粹的

· 台湾博物馆

精神价值。今天的世界之所以有如此快速的进步，人类之所以能享有高度的精神生活，实在是来自西方世界超越迷信的努力。

说到这里，我们再回头看看乡愁有什么值得批判之处。

历史恢复主义未必是乡愁，如果是出之于乡愁又如何呢？诚然，有些传统造型的承续与保存，确实与怀古的浪漫情怀有关。

在80年代我曾在德国的“罗曼蒂克大道”走了一趟，他们这些山城所保存的中古市街，可能与德国的浪漫情思有关。可是对我这样的陌生文化的客人，为什么同样有吸引力呢？坦白地说，我有些舍不得离开那里，若干年后，仍然念念不忘，而且写了些文章记录其事。这种地方风情的国际性，促成了观光事业的发达，而且使得古建筑的保存与布景情怀非常接近，说明了土生文化的感应力量，不是用乡愁等字眼可以完全解释的。

· 鹿港的乡土风貌

高水准的乡愁

建筑理论家为什么对“乡愁”这种情绪如此反感呢？也许认为它太通俗吧！他们也许觉得建筑专业的尊严应该有专业的理由来肯定其价值，只靠一般大众的喜爱来下决定未免太俗气了，应尽量避免。但我可以很肯定地说，建筑的传统保存也许与乡愁有关，但与大众的喜爱无关。这话怎么说呢？

地区性的传统建筑对于当地居民来说，极少有保存的呼声。我在五十年前鼓吹台湾传统建筑保存的时候，完全得不到地方人士的支持。如果有所谓乡愁这种因素，应该是成长于其间的当地居民才会有的，那是他们的原乡啊！但是为什么老是由外来人士鼓吹，试

· 北京的新古典建筑

图说服他们保存自己的传统建筑呢？可知当地居民在启蒙之前是完全不知珍惜过去的。他们还常会大力抵抗保存，甚至使用政治力量去阻止呢！

我可以肯定地说，对于地方风貌的珍惜是专业者的审美素养与对文化的尊重所形成的。如果把这种态度称为乡愁，实在是很勉强的，称之为“文化的同情”也许说得通。如同环境主义者对濒临灭绝生物的珍惜一样。这一些都出之于对人类历史的感情，或自然历史的珍视。这确实是广义的历史主义的态度。只有在这样的观察下，才可以勉为其难地接受怀古这样的名称。这是一种非常高水准的乡愁，却绝对不是通俗的，大众化的。未来也不会如此。

但是建筑界对此争论只有在专业实务者面对新建筑的设计与地方风貌相配合时才出现。这样的问题在过去、现在与未来都不可能得到圆满的共识。

· 欧洲当代的建筑大师非常喜欢到中国去表演，因为他们可以在古老的市街之上，不受限制地表现自己的想象力，准备留名后世。

文化责任感

梁思成在上世纪30年代所做的古建筑调查与营造法的整理，大家都是鼓掌叫好，给他历史地位；但在政府运用他的研究成果，尝试以民族形式应用的时候，大家就争论不休了。民族形式的建筑是一种乡愁的反应吗？当然不是，是在政治上的心理建设。其实传统形式的争论，到头来还是专业者理性的思维与感性的记忆之间的矛盾而已。这些争论是没有意义的，因为在建筑专业中原本就有太多的个人因素，而呈现多元的面貌。为什么在现代建筑的极盛时期，产生在理论上无法交融的四大师呢？如果没有包容的精神，即使是“现代”也无法形成。

我们必须承认在现代之后，科技表现的神圣地位已然瓦解，在面对传统市镇中进行新建设的时候，文化的意识高涨，或发挥创新精神的时候，有各种不同的立场供我们选择，并没有绝对的真理，也没有全面的共识，只有创作者个人的观点与信仰。因此但凡在建筑上有所创新，希望使用者与大众接受时，就要说明自己的观点。这就是必要的建筑论述。否则你可以默默地工作，等待他人的批评。

欧洲当代的建筑大师非常喜欢到中国来表演，他们可以在古老的市街之上，不受限制地表现自己的想象力，准备留名后世。由于破坏的是他们不熟悉的文化环境，心头没有压力，也没有责任感。但是本国的建筑师，即使是造一栋普通的住宅，也有是否延续传统，融入地域特色的困扰。这是乡愁吗？不是，是文化传承的责任。只有负有文化责任感的国民才会关心这些，建筑商人与商业建筑师即使读通了法氏的著作也不会动这个脑筋的。

为个人专业负责

广大的群众对建筑视而不见，看到时只问平米价格，只有受过教育的民众才有所感。近年来，台湾的保存声浪渐高，是民众渐开眼界，对记忆有感的表现。你可以称它为乡愁，但这是一种高度的情感。只是这种感性的要求，对专业者造成新的压力而已。

今天的年轻建筑师，除了在开发商的支持下，走市场路线，是真正通俗化之外，有很多扬名立万的路可走。相对地说，对文化有感，对传统有责的后学者是极少数的，偶尔听到，有空谷跫音之感，他们是很寂寞的。

有思想的建筑家必须提高自己的观点，看到建筑在人类社会中所应负的责任。这不是玩弄思想游戏，是对自己的专业负责。寻求地域的表现，对其公众意义应深加思考。建筑界最大的弊病就是关起门来争吵，外界却毫无所感。以公众之心为心，才是人文精神的根基，也是建筑批判的意义所在。

我们真能找到母语吗？

十

建筑传统承袭的思考

懂一点中国传统建筑的人，希望自传统中寻找基本元素，作为现代中国建筑的思考基础，都要经过一些繁复而矛盾的论辩，才能找到自己的安身立命之处。如果他是一位执业建筑师，才能建立起个人对建筑传统的中心信仰。也许他会在思辨过程中遇上无法逾越的困难，因而放弃对传统的追求，回到现代的实际情况，做一个务实的建筑师。我是认真思考传统问题的专业工作者，也是为了教育工作的需要，“传统”一直跟随着我，最后几乎使我成为传统建筑的复古主义者。我特别把这一段心路历程记录于下，供年轻朋友们参考。

连通现代与传统的使命

对我这一代而言，中国传统的承袭与精神的发扬是一种时代的使命，非做不可，只是思考应该如何做而已。举个例子来说：在台湾的现代建筑师中，李祖原是最成功的一位。他自年轻时即志向远大，坚定地向大建筑师专业迈进。可是在隐约中，有一个传统的使命催促他，在建筑的创作过程中必须寻找新形式，而且是有大中国传统的形式。他的作品已有世界性，其101大厦曾是世界之最，是台湾唯一具有此地位的建筑师，但在同业的心目中得不到承认。在“远东建筑奖”与“国家文艺奖”中得奖，都是我的支持，勉强通过。这是什么原因呢?

对于年轻的一代，传统的承袭也许是可以接受的，可是如何传承?传承的视觉效果则必须经由大家的公断，才能决定是否可以接受。李祖原的作品有其独特的风格，也有相当的美感，但在语汇上尚难为同业们认定。由于没有文字的论述，我们无法知道他的用意，但可以自建筑的外形上推测他的心思着力之处。

· 101 大厦的造型，是中国塔形的抽象化。

101 大厦的造型，依他的图解，是中国塔形的抽象化。塔是中国历史上的高层建筑，各代形式与材料均不相同，但其共同特点是层层相叠的细长形象。李祖原即掌握此一特点而予以图案化，上面加了宝顶，其中国的暗示是非常明显的。除了此一大架构形式外，他使用了一些传统的图腾，为如意文等作为装饰。对于建筑界同业，不甚能了解他为什么那么喜欢传统纹样，甚至把它们当成建筑的外形。他的很多高楼都有装饰纹样的影子。最近报道美国 CNN 电台选出世界最丑的十大建筑，其中一个就是李祖原在中国东北建的一座大楼，外型看上去像一个庞大的铜钱，可以说是极端的例子。他的用意可能是象征中国传统哲学中的天圆地方，恰恰又是大家最关心的钱财，自汉代以来的财富的象征。他这样用心，终于把建筑本体的精神忘记了，脱离了建筑的精神，把建筑当成游戏来玩弄。这正是建筑界无法接受的主要原因。

我举他为例子，意在用一个非常成功的建筑师，如何为了完成承袭民族传统的使命，不惜抛弃建筑的基本价值，冒天下之大不韪，自创独特风格，来说明心情之沉重。当然，在他之外，很少人有这种严肃的使命感，也没有机会与能力去实现自己的理想。对于使命他是执著的。

在前文中再三提到的王大闳先生，也许没有沉重的使命感，但却有上代建筑师所自然承担的使命。他们在连通现代与传统间的思考都是在没有业主要求的情形下，一种自发的行为。可知是一种挥之不去的使命。我亲身经历这个世代，是可以作为身证的。

其实我们所指责的保守的传统建筑设计者，在他们工作的过程中，同样抱着使命的精神。以阳明山中山楼为例，这样认真地配合内部功能与外部象征，又能符合执政者的心意，最后可以印在邮票上，也是值得我们尊敬的。我们把他们排除在建筑专业之外，主要是因为他们依附权势，听命行事，为当政者建造权力象征。然而如果不带成见地了解他们的心情，可以说同样是为延续传统的使命而呈现的作品。所不同的是，他们的工作是被动的，来自外力的要求，并非发自内在的动力而已。

形式的感情价值

经以上事例的讨论可知，一群严肃的建筑师，都抱着承袭传统的使命，却未必产生相同的结果。那是因为对传统的解释各异，对文化的体会不同的缘故。但是不可否认的是每位建筑师都有自己的信仰，

· 传统建筑的空间与形式，确实是文化的重要因素。

对自我的肯定，才能把作品堂而皇之地呈现在大众面前。

我的思辨历程是这样开始：何为中国建筑的文化传统？是形而上的文化，还是建筑具象的形式？

这是因为当我把自己的感觉沉浸到传统建筑之中的时候，无法分辨我要留下什么，丢弃什么。走到一个四合院中，好像回到娘胎一样的温暖与亲切。我所怀念的是四合院的建筑实体，古老材质与构造呢，还是一种家庭的氛围，与传统人际关系的回忆呢？在我的时代，这些都是亲身的经验。是我们上代的勇者，提出改革的要求，为强国强民，抛弃传统的生活方式，进行现代化。如今要进行传统的维护，是要保存四合院的人间伦理呢，还是四合院的形貌？传统的生活方式已经完全改变，四合院的社会意义已不存在，可不可能赋予新的价值呢？四合院用在集合住宅上有任何意义吗？

此一问题思考至此，必须作一明确的判断。四合院的家族聚居形式已经无意义了，今天已没有家族聚居这回事，住户都重视隐私，所以四合院必须被放弃。那么我们喜欢的合院空间就只剩空间形式的意义而纯粹感觉化了。我们只能说，我喜欢院落。合院是三面或四面房屋围封的空间，可否变成一面或两面的房屋，其他用墙壁围成的院落呢？这是建筑形式在感情上的遗留。

用今天的话来说，这就是具体形式的记忆，如同我们认识的某些亲朋好友，多年不见，却沉淀在脑海的记忆。这种记忆愈在底层，愈有亲切感。民族的文化就是由记忆点滴累积起来的。自此观点，传统建筑的空间与形式确实是文化的重要因素，即使社会功能消失了，形式的感情价值仍然存在，谈传统的承续仍然有其意义。

简言之，传统的功能消失了，但形式的感性意义仍然存在。问题是，为了感性，有必要维护传统的价值吗？

这就因人而异了。由于感情与理性的斟酌，因个人品性与教养而有所不同，而对感性的课题，每人的观点就大不相同了。在过去，基于制度的必要，文化的传承是整个社会共同努力完成的，所以建筑有制度，工匠有传承，其变化在细节上，因个案的差异而有优劣，有个性。但整体说来是一致的。可是在开放、民主的现代，对传统的感性完全要视个人态度而定。有些感性淡薄的人认为传统形式是落伍的，就成为传统的故人。不同人对于传统有不同的解读，因此即使都是对传统形式有所依恋的人，其理解也可能南辕北辙了。

照理说，出身于建筑专业的人，大多接受过学院训练，对于建筑应该有理论上的共识。尤其是现代主义以来，功能至上的观念成为理论主轴，即使是形式主义者，也不会违背功能的基本原则。在这个思想主轴上，讨论任何理论，包括传统形式的承袭，大体上都不会脱离专业共识太远。可是自从当代艺术思潮来临，并影响建筑界之后，情势就大变了。形式符号为年轻一代所重视，并强调象征价值，这样一来，传统真的被视为天书了。

对于仍然相信传统记忆的文化价值者，就要努力在形式专业与空间的语汇中去寻找记忆。要怎么找？对我来说似并不困难，因为记忆是自动沉淀的。但是对于在理性思考中得到使命的建筑师，就要搜刮肚肠去寻找了。

搜寻中国建筑的传统要素

事实上，我为了理性地认同传统中的传承要素，曾尽自己可能去搜寻，尝试找到具有共识的象征。我发现，真正可以视为中国建筑中传统精髓的东西，只有一些抽象的文化符号，在前文中都介绍过，现代化的上代所讨论的空间要素。那是什么呢？

一是中轴对称。这是中国汉唐以来皇家的空间配置原则，逐渐用在民间住宅之中者。中轴对称有权势象征的意味，所以在民间并没有严格传承。尤其是广大的乡村民屋，对称只是一种理想，一种虚线的存在。但这种理想确实是普遍存在的，可以承认其传统性。

中轴对称的意思，有主要建筑居于中央，附属房屋列居两翼的义涵。在民间，基于现实，只有富有之家才能做到。贫穷之家只要有三间房就已经满意了。三间就是指中央一间较大，左右各有次间的意思。这是自汉代就有的。

大门居中轴之上的传统也代表权势。事实上北方除了官家是很少采用的，多半基于风水选择开门的位置。

· 中轴对称的意思，有主要建筑居于中央，附属房屋列居两翼的义涵。

二是封闭式围护。这种特色也是自古以来的传统。这一传承使我们知道国人对于居住建筑并无视觉形式上的要求。对于外界，似乎只考虑安全，高大的围墙是豪宅的象征。美观只限于大门而已。因此可以说，中国的建筑传统重在空间，不在形式，所以门墙与宅第的意义是相同的。我很早觉察到这一点，所以曾把报纸上的随笔专栏起名为“门墙外话”。

封闭式围护的意义，是以院内空间的经营为主的建筑观。对于一般民众，院子是活动的主要场所，所以也是家的象征。在我的经验中，这似乎是普遍的中国大地所共有的观念。院子可以非常小，但都是必要的。这是内向型的空间，四合院的精神所在。民间的建筑以无窗口的厚壁代替围墙，向院子开大窗。

三是深出檐。这是木造建筑，坐北朝南，遮阳避雨的建筑特色。

· 深出檐可遮阳避雨

在中国，除了西北干燥地区有些平顶建筑与穴居建筑外，大体上都有深出檐的特点。檐，当然是在前面伸出，作为建筑内外的过渡空间，有明确的功能作用。有些地方只是出挑形成，是由屋顶的大椽所承担的，加上斗栱系统的帮助。有些较大的建筑，可能有一列檐柱，使室外出檐的遮蔽空间更加宽广。

在以上三项空间要素之外，也可自形式上找到一些特色，而且有全国性，可以称为中国建筑的传统要素。在形式上找传统，由于各地物资条件并不完全相同，比起抽象的空间文化来要困难些。我试举几例如下。

一为曲线。无人不知中国建筑的此一特色。其来源不详，以竹木结构自然弯曲之说最为合理。但自六朝以来，为一千五百年来无可否认之传统。从地区分布来看，北方除皇城及官方建筑有制度性的曲线外，

· 封闭式围护这种特色是自古以来的传统

民房多尚平直，无力求曲；大江之南则以曲线屋顶为当然，与诗文之飘逸似有文化上之关连。大体上说，至少有一半个中国属于曲线屋顶地区，有些地方过分强调檐角曲线，形成夸张的装饰。这也是西方人士来到中国之初期对中国建筑之了解，因此18世纪的欧洲即有檐角起翘之中国式殿堂出现，甚至影响了宫廷建筑。

曲线出现在建筑上，正统的做法是宋以前之正脊曲线，然后是有减缓排水速度功能的挑檐曲线，连带的是檐角的上扬曲线。后经夸张，才出现正面檐线的上扬。然而无可否认的，曲线使得中国建筑由原本的简直、朴素、合理的矩形建筑，显出高贵、雅致、美观的气度。没有曲线就难视为中国建筑了。

可是经过了现代化的建筑师却视曲线为落伍象征，是头一号要消除的形式传统。他们不是不喜欢曲线，而是喜欢西式的自由曲线，无来由的曲面。

二为石基。中国建筑都有建屋于基座之上的传统。进到屋内之前先要拾级而上，似乎是全国各地的通例。它的来源可能是为防水患，后来演为阶级的象征，终于成为形式的一部分。建筑的重要性与台基的高低有关。立于盘石之上当然是稳固的意象，虽然不如曲线引人注目，却是不可缺少的一部分。

一般民间建筑，由于财力所限，大多无法有醒目的台基，但至少要自地面高起一步，尽可能用石条砌成。在我为南园营造南楼的时候，最困难的是石基的材料不易取得。基材在宫殿用汉白玉，民间以白花岗石为尚，而当时两岸未通，台湾实难找到白色大型石材。后来听说金门拆了些老宅，就设法去买了若干拆下的台阶，托海军船只运回，才解决了这个问题。没有这样大块的石条，很难衬托上部建筑的美感。

三是斗栱。这是中国建筑的构造特征，其传统价值是无可争议的。斗栱的形成原理，我有专书讨论，此处不赘。重要的是自唐宋以来，斗栱是中国建筑正面上明显的结构部材，而且演为构造性装饰。一切重要的建筑都把斗栱的出跳远近视为地位的象征。宋代以来更有特别设计的彩画予以美化，在形式上几乎是不可或缺的。

民间在制度上不可使用斗栱，但简单的出跳还是不可少的。在寺庙建筑上可以合法地使用，所以民间对于斗栱之美也是很熟习的。

对于现代建筑师，斗栱是最难处理的问题。只要看上海世博的主建筑，就可知道用斗栱来表达中国建筑的问题了。有人会说那是日本建筑的意象。对于观点较激进的建筑师，会把斗栱与曲线同样归类为落伍的形式象征，是应该被淘汰的；要么就把它当成符号作为标志，比如李祖原有些造型就是自斗栱转化出来的。

四是砖瓦饰。中国建筑的构造，为木架构加砖墙，顶上覆瓦。这一点与西方某些国家的建筑并没有不同，但是把墙壁与屋顶用砖瓦覆盖，利用构造材为装饰，却是独特的传统，值得细细思考。

以砖来说。这是自高古即有的技术，原是用来砌墙的。但在北方广大民间，砖太昂贵了，是以夯土为壁。夯土便宜却易为雨水所侵蚀，所以想出用石灰粉壁的办法。白壁遂成为中国建筑的重要特色。可是仍然解决不了雨水冲刷墙基与墙头的问题。富有的人家就想出用实砖与片砖来解决。实砖用来砌墙基与收头，片砖用来砌墙面，因此砖面就取代了白灰面。到后来，地面也都用片砖去砌了。用砖片做墙面，就是台湾所说的“斗子砌”。到后世，砌砖的技术成熟，就可以砌成各种花纹，成为丰富的面饰了。

至于瓦，则以收头发展出的装饰为主。屋檐的收头有滴水与瓦当的装饰，自秦汉就有了，并铸有喜庆文字如宫殿名称“长乐”“未央”等。后来的花样变化甚多，为工匠的创作。至于屋脊的收头，龙凤之类为权势的象征，后来更有仙人与花鸟饰，最初之目的只为封口而已。

这种传统形式虽有文化的深意，但因属装饰，又有迷信的成分，现代建筑师是不屑一顾的。

结语：当使命消逝

这样思索的结果，只是探求传统建筑的要素，作为个人参考而已，要想得到专业共识，在今天这个强调个性与创新的时代，确实是不可能的。

我在三十余岁的年纪，于东海大学教书的岁月，一方面研究中国古建筑，一方面进行古迹修复，心里一直盘算着文化传承的问题。原本希望找到理性的思路，寻求建筑界的共识，可是当我离开建筑系主任职务的时候，就已经知道是不可能的了。

后现代建筑的风潮，表面上看来是对传统语汇的尊重，使之可以重生。文丘里的矛盾与复杂说，允许新建筑中容纳传统的象征，一时之间使我觉得是一种建立传统承袭理论的机会，但不多久就明白，它的目的并不是文化传承，而是满足民众感性的需要，也就是强调记忆的价值。

“记忆”初看上去似与传统的建立有关，但仔细想来，记忆是片段的，个人的，不具有传统的系统性与全面性。所以虽有詹克斯提倡“象征建筑”把传统的形式符号拉回到现代生活之中，而且强调其象征性，还是无法形成有力的学派，真正把传统的意象延续下去。他虽然很认真地把古建筑形式的象征，用现代的设计手法来呈现，却没法得到专业者的呼应。他所强调的建筑的“不纯净”性，总使人感到那是大众文化风潮的一部分。

怎么办呢？包括一群名家在内的建筑师，已经努力在感性的深层把传统挖出来了，但仍然各说各话，达不到共识，那就只有把传统的要素视为个人的感觉的一部分了。也就是说随大家各人的感觉办吧！

你可以把它完全去掉，做一个彻底的革命家。你可以是一个抽象的理论家，在作品中吸取传统中的文化要素，却无人理解你的作品。你可以是纯正的形式主义者，在传统要素中找到一项或几项深切感动你的东西，在自己的建筑中夸大表现。你也可以谦和地自传统的形式语汇中找到一些元素，在适当的时机表现出来。

当然了，这一些都需要业主的充分配合。他如果与你有同感，也许可以允许你有明亮的表现，否则也需要在他可以接受的范围内，有适度的呈现。这一些与承继传统的使命的实现是连不上关系的。

因此我的结论是，“使命”消失了。传统的承袭是对个人感性的回应。其中乡土风貌是反应的一种可能。

十一

苏州博物馆的传统与现代

1996年夏，因去上海之便，到一趟苏州。苏州是中国传统园林艺术的胜地，大陆开放之后，我已访问过两次，一次是细赏名园，一次是探访街巷与建筑。这次去则是因为贝聿铭先生完成了一座苏州博物馆。贝先生名闻天下，是现代建筑的大师，他怎么在一座古意盎然的名城中设计一座现代博物馆，是我很好奇的事。

换句话说，他怎么用现代的语汇来表达苏州传统的意味，是建筑后辈们急于想知道的。他在外国，不论是设计肯尼迪中心，华盛顿国家画廊新馆，巴黎卢浮宫的新门厅，都可以无滞碍地发挥他的创造力。虽然学术界未必满意，但他的风格充分表现出来是无疑义的。可是以他的名声回到故乡，设计一座博物馆，却必然有双重的负担。一方面要为苏州在当代建筑界争取名声，同时要为中国建筑如何融合现代与地方风貌来树立典范。

创新形式与传统语汇的挑战

贝先生承认自己是西方建筑师，但是自认他在建筑上的成就实立基于中国传统艺文素养之上。这个意思是中国诗词、书画等的熏陶，可以很抽象地表现在西方现代建筑的美感上，但不一定在建筑的形式上会看到中国传统的影子。如果是这样，传统形式就可以一丢了之了，为什么他在80年代所建的北京香山饭店，使用了那么多传统的语汇呢？可见形式的价值还存在他的胸中。至于苏州博物馆，更是很明显的，表现出他对新形式中融入传统语汇是非常认真的。在我初看到苏州博物馆的时候，第一个反应是：这是贝先生的作品吗？是不是他年事已高，这类建筑已交由他的后代接手了呢？可是据说他很喜欢这个作品，相当于他“最亲爱的小女儿”；他亲自过问每一个细节，甚至关心到室内的设计。因此我们可以肯定地说，这个作品可以作为他对现代与传统结合的代表作。

我们要知道，苏州博物馆位于拙政园的旁边，它是延续老馆——原太平天国忠王府——的新馆，所以经过很繁复的手续才被批准建筑的。它的展出空间共三千多平方米，大多是在地下一层，地面上的建筑主要只有一层，突出的部分是门厅之类的公共空间。换句话说，贝先生在设计的时候，应该是很小心地配合邻近建筑的密度与量体的。这样重要的世界文化遗产级的建筑群体，岂容你随便破坏？据说建筑还经过国际的委员会批准呢！

话说回头，这样重量级建筑师认真设计的，与国际瞩目的文化遗产相配合的建筑，在传统与现代的议题上是否足以为我们的示范，受到普遍的肯定呢？答案是不然。我在访问这个作品的时候，感到贝先生对传统的理解是很表面的。他对传统建筑的阐释因此是很肤浅的，我甚至感觉到有点孩子气，似乎是开了大家一个玩笑。

江南传统建筑语汇

我可以看出来，他把苏州传统建筑整理出几种语汇，使用在他的建筑风格上，大体说来是如此：

第一，白壁灰框的墙面。我们知道江南建筑形式的最大特点是白灰壁，或者是院子的外墙，或者是建筑的山墙与一般的隔墙，都是石灰粉刷的墙壁。白壁形成的空间，窄巷也罢、院落也罢，或反映光影的变化，或为花、石之背景，堪称建筑中之一绝。这种白壁在与地面

· 钢架的亭与院

接触之处，与墙壁上部的收头处，多用灰色的砖瓦砌成、覆盖之，所以有白壁勾灰边的印象。也许是这种印象使贝先生在新建设计时，把灰框的白壁当成一种语汇来使用。由于传统的白壁是形式的主体，他就在博物馆建筑上大量使用。

第二是对称的斜屋顶。在江南传统民居建筑中，大多是灰瓦的斜屋顶。白壁之上瓦屋顶，构成景观的主体。屋顶因建筑群中各建筑的大小、高低有所不同，亦因建筑之朝向而有所变化，自高处看，灰色斜屋顶与白壁组成优美又和谐的乐章，是市镇的奇观。屋顶是人字形，予人以对称的印象，但实际上却随建筑的配置而多变化。

此斜屋顶有几种特质，有别于欧洲国家的斜屋顶，其一是瓦陇，由弯曲度颇大的瓦片上下交扣而成陇以排水，富于美感。其二是屋脊。比较考究的建筑，人字相交处必有一略带装饰味的脊，有时到两端时略为起翘，有生动感。其三是曲线。江南民屋之顶并不一定有曲线，但如屋子太大，就自然在出檐时有轻微的曲线，使此粗陋的民居略增雅趣。这些变化在现代建筑中不易援用，贝先生就把它简化为大约三十、六十度的对称斜面当成语汇，大量应用在博物馆建筑上。

第三是钢架支持。江南民居并没有寺庙建筑上的繁复的木架与斗栱系统支撑着屋顶。但是在园林建筑中，总有些亭台、厅廊等休闲性建筑，在屋顶之下不用白壁，却用木架构支持的；下面是柱子，屋顶的出檐免不了使用斗栱。斗栱当然是一种制度，不同的建筑有不同的做法，象征的意义有别。在江南一般说来没有彩画，只在木材上涂油漆以保护之，所以是略带棕色的。在现代结构技术上，斗栱是完全用不上的，特别是早期的钢筋水泥建筑。所幸近来流行之钢架结构与木架略近，就用钢架支撑充当斗栱及木架的语汇了。

第四是白壁石山。苏州园林是以太湖石砌假山为天下知名。我国园林古称泉石，是以水池配巨石为景。自唐宋以来，巨石是用太湖中经冲蚀而成的多孔石灰石为原则，因此发展出以奇石为欣赏主题的艺术。所谓园林，花木反而成为配衬。现代的庭园想要承袭苏州传统，缺少了太湖石，要怎样才能保留传统的精神？这是很困难的。

现代以来的东方园林常常是日本路线，就是因为日本式的“庭”是用自然石为材料的，比较容易取得，而且合乎自然的原味。贝先生在博物馆院子里所掌握的，是以白壁为背景所呈现的石山倒影，作为表现传统的语汇，比较容易有现代感，并与现代建筑环境相融合。

除了以上四点外，贝先生也借用了传统园林中常用的圆形与多角形开口，对称的建筑等。

让我们思考一下，为什么他认真地把江南传统建筑的特色找出来，转化为现代建筑语汇，表达在建筑上，我们看了却感受不到传统的美感呢？这是因为，单纯用形状的相似性来转化语汇是达不到目的的。这如同一个泥人无法被视为真人一样，没有灵性，没有感动，就没有传承。形状的近似正是苏州博物馆予人孩子游戏之感的原因。

下面让我深度地分析其间差异。

以白壁灰框来说，为什么有怪异的感觉呢？因为它把白灰壁灰砖的精神丢失了。

白灰粉壁鲜有纯白，其美感乃自雨水的湿润，呈现生动的雾状表面。而白壁基本上是无框的。因为墙壁为垂直承重，除非为了开口，并无边框之必要，加上边框与没有边框的分别是平面与立体感的分别。有边框的白壁是二度的面，可以自由使用在大小、直斜的面上，所以有纸版的感觉。这是我初见苏州博物馆时，竟有纸糊建筑感觉的原因。后期现代建筑重视结构，消除早期过分强调外观平面构图的印象。传统的白壁是主要的结构体，岁月的痕迹使这些承重墙面散发出感性的光辉。这是徽州住宅群举世闻名，令人感动的原因。缺乏量感的造型，颇似纸灯笼，不知贝先生心里要表达些什么。

平面纸糊的感觉，显现在两座方形、两层高的大厅上，特别明显。不知何故，贝先生在此使用了中国传统建筑中从来没有见过的方形盒子式帽子，同样使用灰框白壁，加上菱形开口，有强烈的积木玩具的味道。方形盒帽的下面是层层斜面屋顶，贝先生同样使用了中国传统未见过的，向心式立体组合，产生很多三角形、平行四边形的白色墙面，都用灰色线条为界，组合成立体的造型，相当好看，但却不知何以用在苏州的博物馆建筑上。

· 大厅的天花板是苏州博物馆中最动人之处。

这种莫名其妙的造型，实在与贝先生屋顶的语汇有关。中国屋顶是有出檐的，如果每一个斜面屋顶都有出檐，他的设计在量体上就会失掉立体几何雕塑的美感。为了维护这种雕塑感的造型，他牺牲了传统的屋顶的飘逸趣味。贝先生可能从来没有真正欣赏过屋顶曲线的飘逸感吧！他确实是一位西方建筑师。

这种纸版的感觉最容易在大厅的天花板上看出来。这里是苏州博物馆中空间最动人的所在，如果你不抬头，就失掉机会了。这是一个三层的立体几何造型，如下所示，就构成一个矩形与三角形的空间，有几何的秩序，雪花般的辐射成型。这样的天花板是贝先生特有的构

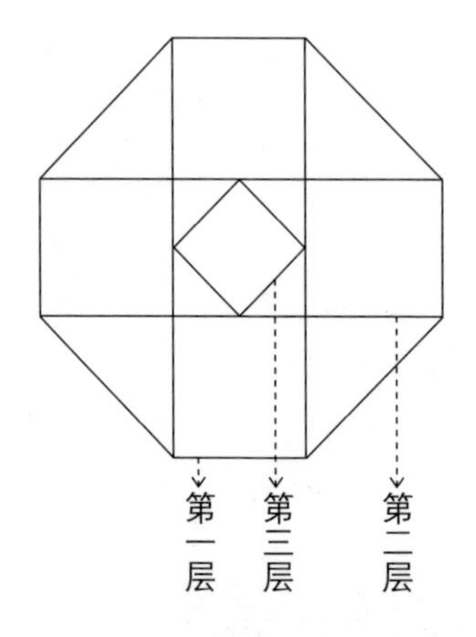

想，我曾经在美秀美术馆（Miho，贝聿铭设计）的大厅中见过类似的天花。

前面说到屋顶，当然是纸糊型体成因的原因之一。他不但放弃了曲线，丢掉了瓦垄的质感，当然更不可能有檐端成列“滴水”的趣味，进一步，他更以现代平滑的材料来取代。这样一来，面的感觉更强烈了。照理说，屋顶的特色在大门与亭子上最为显著，可是在这些屋顶独立展示风姿的地方，他反而把厚重的感觉完全拿掉，以半透明的玻璃代替瓦面了。坦白地说，当我自大街上走进博物馆大门的时候，我几乎以为自己进到一座工厂呢！

我不是有意地讽刺。试想这座大门，固然是所谓重檐，可是没有曲线，单薄的玻璃板坡度不够，几乎看不到屋顶的存在。屋面的下面是刻意设计的钢架支撑，志在模仿斗栱系统，但缺乏斗栱的象征意义，就与一般工厂建筑为省钱所做的纯钢架并无分别。虽然有一定的秩序与韵律感，与工厂中轻桁构亦无多大区别。所幸进了大门就可以看到前面主轴线上，有一座对称的，三角形与矩形组成的大厅，一个圆门

· 苏州博物馆大门

洞告诉我，那应该是博物馆了。

在后面的水池上，建了一座八角亭，也完全是钢架与玻璃建成的。这里却不会有所误解，因为其外观是不平凡的。

苏州的园林，亭子是重要的构成要素。它是观园景之用，也是景观中重要的一部分。观景，是自亭内向外，驻足而观，所以亭者，停也。景观，则是一独特的造型，特别是优雅的、略夸张的曲线屋顶，或一层或重檐所构成的，足以欣赏的外观。老实说，把一座亭子现代化，实在是强人所难。我如果必须做同样的事，一定会坚持放弃景观亭子的想法，在主建筑上提供观景的功能。

因此贝先生在这座亭子上花的精神实在是多余的。他仍然使用在平面上是上为正方、下为八角的设计；在造型上，是三角形与矩形的

· 后面的水池上，建了一座八角亭，完全是钢架与玻璃建成的。

构成。只是这样的亭子，缺少了外观飘逸的、出世的意味，有何意义可言呢？何况有些视角是很难看的。

最后我要说的是山石。在前文中我已提到苏州园林的石艺。我承认有些园子，如狮子林，用洞石太多，被批评为蚁穴，并不美观。贝先生在此使用的语汇，受日本影响，要精简优美得多。但是缺点是缺乏山石的立体感。他以后壁为背景，切割的石片，确实做到山的倒影的意象，只是对于建筑，就没有任何衬托的功能了。而山石与建筑、厅堂的配合原是中国园林设计中最基本的要素。我们不禁要问：贝先生在博物馆的院落里，真的要表达传统园林的精神价值吗？

由于考虑同行友人的时间，我没有认真地看博物馆收藏，所以没有至地下层去看展览。只能认真地在地面层的展厅里，看了当代大师

· 切割的石片，确实做到山的倒影的意象。

的绘画展。当然，我看展的目的，不是欣赏艺术品，而是观察建筑空间与展示的关系。我发现，贝先生与当代建筑师的态度相近，很在意创造富于变化的室内空间，却并不十分在意绘画欣赏者的心理反应。我并没有责怪的意思，只是证明我的想法而已。

承袭传统是沉重的十字架?

我详细地为读者介绍与分析贝先生的这个作品，是因为说明一个事实：要很理想地结合传统精神于现代建筑之中，是一个复杂的问题，并没有答案。

我们可以回想，在上世纪的中叶，贝先生设计东海大学校园，他心目中的中国传统是什么？当年的东海大学的建筑也许有些批评，但在当时予我们的感觉是确有传统的意味。他所采用的传统语汇是四合院，是对称形式，是石砌台基，是梁柱系统与瓦屋顶，是木架构与走廊，都是非常实在的传统。只是因为没有屋顶曲线，用的是日本式瓦，已经有人批评它为日式了，可知对于传统的承袭对建筑家是多么沉重的十字架。至于苏州博物馆，更不用多说了。

自贝先生的作品例中可以了解，现代的建筑师尽心地传承过往风貌，并没有成法可循。要怎么传承，传承些什么，几乎完全看建筑家本人的主张、观察的角度而定。观众的反应与期待，也是因人而大异的。

当然了，建筑家对传统的知识与认知的深度是很基本的条件。对过去的记忆，与感情的牵连是另一层次的条件。如果没有这一些，谈传统，只是几句尊敬的话语而已，在建筑的实质上是没有价值的。

六大传统表现法

我讨论他的建筑，志在说明传统承续的相对性，但可以作系统性的整理，把各种表现传统的手法依其性质表列出来，供以后对此问题有兴趣之建筑人参考。

一、中国空间哲学之表达

这是抽象论传统的极端，如莱特利用老子的话来解释建筑，或金长铭教授把密斯的建筑与王大闳早期作品当成中国建筑精神的表现。至今仍有人认为应自《易经》中找建筑之道，其中一个例子是法国建筑师安德鲁在北京所建的国家大剧院，在一个大水池上建一个超大圆顶，屋顶以太极图形式为之。李祖原在东北所建之“外圆内方”之大厦亦属之。与建筑实无相干。

二、中国建筑形式新意象

这是抽象看传统的具体化。自传统建筑意象中的某一特色加以夸张，利用现代技术表达出来之谓。比较近期的例子是上海世博会的中国馆，以影射传统木结构之井子架构层层外挑做成之造型。因用唐代的红色而有日本风味。李祖原在台北市所建办公大厦等亦属之。

三、传统建筑形式的变样

这是在现代建筑上具象地使用传统建筑的屋顶曲线与柱列。所谓具象是指有意地夸张，使观者联想与传统建筑的关系。王大闳先生后期作品大多属于此类，或为国父纪念馆之屋顶，台北“教育部”大楼之平顶起翘及垂直线条之暗示等。贝先生的苏州博物馆可归于此类。

四、传统建筑形式的新用法

这是把古建筑的具体的形式语汇，拿来用在新建筑上，或加以重组呈现新风貌之谓。笔者个人的传统观属于此类，重点是产生形式的记忆，而非其象征。此为笔者使用的是台湾闽南建筑的语汇之缘故。卢毓骏先生的科教馆亦属于此类，只是他比较强调国族的象征，故以北京正统建筑的语汇为之。

五、传统建筑的新外形

这是以恢复传统形式为职志，但迁就现代用途，因而产生中西合璧形式的外观。早期的公共建筑多属此类，比较明显的，如圆山饭店即属此类。台北植物园中的建筑，如艺教馆、史博馆等是不同程度的复古形式。

六、传统建筑形式的复制

这是具象保存传统的另一个极端。笔者在垦丁青年活动中心的建筑群中，有几组是刻意复制，其中之一按调查板桥林家弼益馆的图样复制，为后代保留探索古迹的机会。这一类并无融合现代与传统的意图，只是用现代技术加以建造而已，已超过本文讨论的范围了。